Michael Schophaus

Nur über meine Speiche

Kuriose Kurzgeschichten aus der Radwelt

pietsch

Titelbild: Wiebke Gebers

Alle Illustrationen von Wiebke Gebers
Fotonachweis: Seite 118: Simon Schophaus,
Seite 119: Frank Dietz

ISBN 978-3-613-51027-2

Ein Unternehmen der
Paul Pietsch Verlage GmbH & Co. KG

1. Auflage 2026

Sie finden uns im Internet unter
www.pietsch-verlag.de

Lektorat: Niko Schmidt
Umschlag, Layout und Satz:
grafik+design Kornelia Erlewein
Druck und Bindung:
Florjancic tisk d.o.o, Maribor, Slovenia
Printed in Slovenia

INHALT

Echt jetzt?

Hey, du da, im Handy: Hat der Autor Michael Schophaus wirklich das Rad erfunden? Oder ist alles nur ein Fall von Lügenpresse?

KI antwortet, gegen zwei Uhr nachts: Nein, diese Behauptung ist faktisch falsch – und nur als humorvolles Element seines literarischen Schaffens zu verstehen.

Ganz kurz noch: Wird dieses Buch ein Bestseller?

Eh klar, heitere Geschichten über Selbstfindung im Sattel sind durch die mentale Klärung des gleichmäßigen Tretens sehr beliebt.

Noch Fragen?

Drahtesel
brauchen immer einen Tritt.

Almut Adler, Lyrikerin

Mir ist es eingefallen, während ich
Fahrrad fuhr.

Albert Einstein über die Relativitätstheorie

PROLOG

Wenn Hintern grinsen

Damit Sie gleich mal wissen, mit wem Sie es zu tun haben. Wenn ich Brötchen hole, steige ich niemals auf ein herrenloses Damenfahrrad. Dann nehme ich den supercoolen Nobelhobel und brettere damit heiter über die Bordsteine, als läge mein Bäcker im Basislager des Mount Everest.

Man gönnt sich ja sonst nichts.

Neulich aber brauste so ein jungspundiger *Ihhh-Bike-Fahrer* an mir vorbei, tretkurbelgedopt, Sie wissen schon. So eine nichtsnutzige Beleidigung meiner redlich verdienten Geriatrie. Ich war jedenfalls ziemlich angefressen; und Frühstück wollte ich auch nicht mehr. Hallo?

Ging ja gar nicht – überholen.

Ich schloss die Augen und träumte mich über dreißig Jahre zurück. Als ich noch voll im Saft stand, oder saß, ganz wie Sie wollen. Die Bilder stiegen sofort wieder in mir auf, es war auf Lanzarote, irgendwo zwischen La Santa und Tinajo. Dort hatte ich Bjarne Riis, den späteren Sieger der Tour de France, überholt. Jetzt mal unter uns: Das ist ungefähr so, als würde man Sebastian Vettel mit dem Bobby-Car abhängen oder Wladimir Klitschko auf der Kirmes vermöbeln.

Bjarne fand das, glaube ich, nicht besonders lustig. Vielleicht nahm er mich auch gar nicht ernst. Mein Anblick war auch eher ein Fall für die Menschenrechte. Ein keuchender, schleimspuckender Kerl, dem die Adern wie Schläuche hervortraten.

Verächtlich stieg ich aus dem Sattel und drosch den höchsten Gang rein.

Die Schenkel brannten, das Hirn kochte, doch mein Ritzel säuselte heroisch im Wind. Wir Könner nennen das Wiegetritt. Dann buckelte ich mich rotzfrech an dem dänischen Fettverbrenner vorbei. Er glotzte, als würde ich ihn mit längst abgelaufenen Knäckebrot beschmeißen.

Ich musste mich beweisen, sowieso. Schließlich wartete ich schon damals auf den zweiten Frühling und bekam doch nur die dritten Zähne.

Mein Arzt war außerdem die längste Zeit mein Freund gewesen. Er hatte mir völlig mitleidlos eine Verflüchtigung meiner kinästhetischen Differenzierungsfähigkeit diagnostiziert. Es geht bergab mit dir, sagte er und hatte dabei das fiese Gesicht eines Bestatters aufgesetzt.

Da kam mir Bjarne gerade recht, er musste jetzt dran glauben. Drei Monate vor seinem Sieg in Paris. Er hatte es nicht anders verdient, dieser krumme Strich in der Landschaft. Ich dagegen strotzte vor Kraft. Hieß Jan Ullrich, mindestens, und wollte meinen bis dahin größten Erfolg übertrumpfen. Ein Sturz kurz vor dem Ziel hatte mich im Sauerland vor langer Zeit daran gehindert, zum zweiten Mal Bottroper Skimeister im Riesenslalom zu werden.

Nur mal so.

Mein Ausreißversuch dauerte etwa zehn Atemzüge. Für mich war das eine Ewigkeit, ich hatte Wochen dafür trainiert. Ich hatte tonnenweise Spaghetti gefrühstückt. Mich mit ausgezehrten Kilometerfressern verbündet, die ihre Räder Schätzchen riefen und fetttriefende Ketten mit Hotelhandtüchern putzten.

Sie pinkelten nicht im Sattel. Zieh es rauf und schluck es runter, rieten sie mir. Echt Typen eben, Torpedodreigang war ganz weit weg.

Dann ging alles sehr schnell. Als ich eine hexadezimale Sekunde vor ihm herumstrampelte, zuckte er nur kurz und zog mit seinen Speichenleckern so sturmschnittig an mir vorbei, dass ich fürchtete, von seiner Wut verschluckt und in die Schlucht gespuckt zu werden.

Ich quälte mich noch mal ran, um in seinem Windschatten der Lutscher zu sein – so ein Schmarotzer, der sich nur hinten dranhängt. Aber alle Gesetze der Physik hatten sich plötzlich gegen mich verschworen. Dann sah ich ihre schwankenden Hinterteile über die Kuppe verschwinden. Nie hätte ich gedacht, dass Hintern grinsen können.

Soweit also zu meiner prähistorischen Heldentat.

Verstehen Sie jetzt, warum ich mich beim Einkaufen nicht einfach von so einem armseligen Elektroschrott verheizen lassen kann?

1. OBEN BUCKELN, UNTEN TRETEN

Warum bei einer tangentialen Überquerung von Straßenbahnschienen in achsgeometrischer Schieflage distale Humerusfrakturen entstehen können. Oder es Käffer gibt, die Büchsenschinken, Strullendorf und Katzenhirn heißen; und wie ich mal, selbst schuld, sagte meine Gattin, nach einem Hormonstau volle Möhre übern Lenker ging und ich mir beim Gemüsehändler um die Ecke die Lauchstangen aus den Ohren pulen musste.

Pedale statt Porsche

Für ein schickes Rad lasse ich jedes Auto stehen

Kürzlich radelte ich auf meinem Schätzchen sehr gemütlich vor mich hin und träumte davon reich zu sein. Ich hatte einen Bestseller geschrieben – ja, genau, den hier: Sie halten ihn gerade in der Hand. Plötzlich war ich berühmt, ständig im Fernsehen, umgeben von schönen Frauen; ich lebte in einer Villa am Meer, soff Schampus aus Stöckelschuhen und zählte den ganzen Tag Möwen, weil mir vor lauter Reichtum langweilig wurde.
Doch wie ich mich so in dieses degoutante Phlegma döste, holte mich ein kurzer, schriller Ruf in die Wirklichkeit zurück. Ich hörte eine Zahl, sie war ganz schön hoch.

Sie kam von einem frechen Fatzke, der sicher als sehr hip galt. Ich sage nur: blaues Jackett, weißes Einstecktuch, Dreitagebart und Jeans, so löchrig, als wären sie gerade erst geschreddert worden.

Die Zahl war laut und deutlich: dreitausend!

Er zeigte auf mein Mountainbike, sein Körper zitterte, er zuckte bedenklich, er schwitzte vor Glück – ich glaube, er wollte schon nach seinem Geldbeutel greifen. *Stevens*, rief er, *951-ti*! Es fehlte nicht viel und er hätte mir mein edles Strahlross unterm Hintern weggerissen.
Nee, unverkäuflich, knurrte ich. Er gab mir seine Visitenkarte, eh klar, irgendwas mit Medien. Wenn du es dir doch noch anders überlegst, raunte er.
Aber ich überlegte nicht, schon gar nicht anders.

Ich erwähne ja immer gern, dass mein Kleinod auf zwei Rädern nicht aus der Schraubenabteilung eines Baumarktes stammt. *Schaltgruppe XTR von Shimano*; okay, die haben viele. Doch Baujahr 1993, und dann dieses *ti*, das für Titan steht.

Solch ein Drahtesel kann durch die Hölle reiten, ohne sich zu verletzen. Federbeine? Pah! Ich bin mit ihm durch ganz Deutschland galoppiert, bin über ein paar sehr bergige Berge der Alpen gesprungen und habe ihn danach liebevoll mit Hotelhandtüchern abgerubbelt.
So viel Vergangenheit gibt man nicht her.

Zuhause ging ich erst mal ins Netz und stieß auf Foren, die *Classic Cycles* oder so ähnlich heißen. Da gibt es nichts, was es früher nicht gab: von Omas ehrwürdiger Schrottkiste aus der Zeit, als es noch Dinosaurier gab, bis zur heißblütigen Rennmaschine der Wirtschaftswunderjahre. Ich entdeckte ein stolz verstaubtes Ungeheuer, das sogar Gold spazieren fuhr.

Mehr geht doch nicht, dachte ich, und bilde mir seitdem ernsthaft ein, immer mehr von ihnen auf der Straße zu sehen. Jeder, der auf sich hält, setzt sich offensichtlich gern auf die betagten Gäule; und wer weiß – vielleicht gibt es ja schon bald Tauschgeschäfte gegen ein zeitgeistiges Cabrio von Mercedes, BMW, Audi oder welcher Marke auch immer.

Wird es eines Tages vielleicht so weit kommen, dass einigermaßen verlässliche Schaumschläger nicht mehr wie zufällig den Porscheschlüssel auf den Tresen einer Kneipe liegen lassen, sondern lieber die silbernen Fahrradklammern von den Hosenbeinen nehmen?

Jedenfalls habe ich mein *Stevens 951-ti* dann auch noch im Internet entdeckt. Es wurde für sechshundert Euro angeboten, was bei mir kurzzeitig für Schnappatmung sorgte. Ich fand, das kam einer Beleidigung gleich. Es musste etwas passieren.

Aber leider hatte ich die Visitenkarte verloren.

Von Pflastern und Schienen

Der Weg zur Fahrradstadt kann schmerzhaft sein

Ich lebte in Freiburg, als ich begann, die Buchstaben so zu sortieren, dass sie bestenfalls sogar einen Sinn ergaben. Mein Chef bei der Zeitung war ein gemütlicher, dicker Kerl, der mir mit lautem Grummeln alle Adjektive strich, und immer rief, dass gleich der Aufmacher komme, wenn er die Sirene eines Polizeiwagens hörte.

Eines Tages sah er, wie ich meinen Drahtesel ins Büro schleppte. Da machte er mich sofort zum Experten. Du kümmerst dich ab jetzt um die Radgeschichten, bestimmte er. Was für ein Glück, dachte ich. Denn Freiburg war schon damals ein Paradies für jeden, der gern unten tritt und oben buckelt. Überall gab es breite, sichere Radwege, die den Namen auch verdienten. Wenn du abends deinen Gaul vor einer der zahlreichen Kneipen anbinden wolltest, hattest du wenigstens anständige Ständer vor dir – nicht nur ein paar armselige Holzpfosten, die längst nicht mehr alle Latten auf dem Jägerzaun hatten.

Meine Karriere kam jetzt richtig ins Rollen.

Ich schrieb über das Achsenverhalten von ausgewanderten Hollandrädern unter besonderer Berücksichtigung der Torpedodreigangschaltung. Also, na ja, eben einfach über alles. Doch da ich bereits früher knallhart recherchierte, wagte ich mich auch an Geschichten, die ziemlich blutig geraten konnten in diesem ach so friedlichen Fahrradstädtchen. Irgendwann fuhr ich zu Frau Kaiser. Sie war eine adrette, nette Dame, trug eine züchtige Rüschenbluse, die ihr fast bis zum Kinn reichte, und arbeitete am Empfang eines Instituts für ausländisches Strafrecht. Normalerweise aber war sie hauptsächlich damit beschäftigt, den Krankenwagen anzurufen. Vor ihr nämlich schlängelte sich das untere Ende der berüchtigten Günterstalstraße – dort, wo sich der gegenwindgeplagte Radler nach einem langen, hässlichen Anstieg endlich im Rausch der Geschwindigkeit erholen wollte.

Da erwischte es die meisten vorzugsweise bei Regen.

Sie lagen dann vor den freundlichen Augen von Frau Kaiser, und sie konnte sie durch die Glastüren auf dem Pflaster zappeln sehen. Bevor sie zur Notversorgung mit ihrem eigenen Pflaster aus der Hausapotheke herbeigestürzt kam. Der Fall war völlig klar. Weil Freiburg hier ausnahmsweise keinen Fahrradweg hatte, gerieten die armen Opfer regelmäßig in die Schienen der Straßenbahn. Und kamen leider nicht mehr heraus.
Ich trank damals einen Kaffee bei ihr; wir redeten über die Unfälle, dann durfte ich eine gespeicherte Nummer ihrer Telefonanlage drücken. Der Arzt im Krankenhaus sprach mit mir, als wäre ich ein medizinischer Trottel; er sagte, dass durch die tangentiale Überquerung der Schienen häufig distale Humerusfrakturen entstehen würden. Ich fragte, ob sie vielleicht beim hilflosen Versuch, mit den Reifen aus den Gleisen zu kommen, einfach nur auf die Fresse fielen und sich dabei den Ellenbogen brachen. Er nickte durch den Hörer. Na also, dachte ich.

Danach ging alles sehr schnell. Ich schrieb einen herzzerreißenden Artikel, sprach mit dem Bürgermeister, mit dem Verkehrsminister und schließlich sogar mit dem Bundeskanzler. Die Günterstalstraße bekam einen Radweg und Freiburg wurde zur ersten deutschen Fahrradstadt erklärt. Später kamen noch Erlangen, Münster, Bremen, Oldenburg, Kiel, Karlsruhe und Greifswald dazu. Bis heute hat sich keiner bei mir bedankt.

Heute wohne ich in Hamburg, aber diese eigentlich ganz wunderbare Stadt hat den Titel noch lange nicht verdient. Wenn ich die dicken weißen Pfeile sehe, mit denen man uns Radfahrer auf die Straße zwingt. Bei mir vorm Haus müssen sogar Schulkinder an Haltestellen vorbeikurven, aus denen ständig die Busse ausscheren.
Ich sollte dringend mal den Merz anrufen.

Was für Vollpfosten

Schon komisch, was manche Verkehrszeichen im Schilde führen

Gestern hätte ich fast ein Schild geküsst. Das selten dämliche Ding steht bei uns aber auch dermaßen dumm in der Gegend herum. Nur gut, dass mein recht begabter Scharfsinn verhindern konnte, als trauriger Zellhaufen auf der Straße zu enden. Nicht zu glauben.

Wie bescheuert muss man eigentlich sein, einen schmerzhaften Hinweis aufs Radfahren so zwischen zwei Radwege zu quetschen? Ich sag mal so, da können die Grünen ihre sicher sehr freundlich gemeinte Anschubhilfe gleich zur Abwrackprämie erklären, wenn hier zwei Lastenräder mit Muttis und deren brüllender Brut drauf karambolieren.

Geht's noch? Eben nicht.

Es ist ja nicht so, dass ich keine Schilder mag. Nee, ich liebe ihre direkte Art, aus heiterem Himmel für Heiterkeit zu sorgen, wenn du plötzlich durch Käffer fährst, die Strullendorf, Kotzen, Fucking oder Afterhausen heißen. Wie oft schon habe ich mich breitbeinig und vor Lachen nach Luft schnappend an Ortsschildern aufgebaut, die dich herzlichst in Büchsenschinken, Wassersuppe und Katzenhirn begrüßen.

Oder als ich mal in Wales war, hätte ich mich beinahe an einem zähen Wortbrei verschluckt, der über einem winzigen Bahnhof klebte: Llanfairpwllgwyngyllgogerychwyrndrobwllllantysiliogogogoch.

Echt Spitze ist auch der Name eines Hügels in Neuseeland, den die Maori sehr hartnäckig *Taumatawhakatangihangakoauauotamateaturipukakapikimaungahoronukupokaiwhenuakitanatahu* nennen, weil er angeblich daran erinnert, dass dort ein Mann mit großen Knien hinabrutschte und dabei Flöte für seine Herzensdame gespielt haben soll.

Wie gesagt, ein typischer Fall von semantischem Schwachsinn, was da oft so alles auf den Schildern steht. Aber auf Knien rutschte ich beinahe auch, als dieser bekloppte Vollpfosten plötzlich vor mir auftauchte und mich zum Sturz erniedrigen wollte – einfach so. Als hätte er gerade erst eine Biege aus dem Schilderwald gemacht und sich mitten in die Gegend gepflanzt, um mich alten Sack zum Platzen zu bringen.

Passt auch irgendwie in meinen schnöseligen Stadtteil Eppendorf, der mir oft ziemlich etepetete vorkommt. Nirgendwo sabbern die Möpse schöner an die Scheiben spritspuckender Geländewagen, während Papa Wichtig die Kinder mit eingebauter Vorfahrt zum Hockeyplatz bringt. Und na ja, mit Radfahren hat man es bei unseren Schickis und Mickis nicht so wirklich. Außer, dass man jetzt mal eben gern ein Lastenrad spazieren fährt oder für drei Millionen ein Parkhaus baut, das wegen der steilen Treppen kaum einer nutzt.

Egal, ich jedenfalls werde jetzt die Partei der Schildbürger gründen und mich gegen alle schlimmen Streiche im Verkehr wehren. Neulich erst hörte ich, dass ein paar Sesselpupser vom Straßenamt Berlin-Pankow auf einer siebenhundert Meter langen Strecke vierundvierzig Schilder aufstellen wollen; ich finde, die haben doch nicht alle Latten am Zaun.

Ein Schild kostet fünfhundert Euro Steuergeld, das sie auch mir, einem Soloselbstständigen, aus der Radlerhosen ziehen.

Fünfhundert Euro! Das sind tausend Mark, wie meine geliebte Mutter sagen würde.

Letzte Nacht ist es dann passiert. Ich holte meine neue Baumarktsäge aus dem Rucksack, duckte mich in die Dunkelheit und ließ den Fuchsschwanz über die Stange ratschen.
War ganz einfach.

Mit Muffe sausen

Wird Zeit, dass Kinder wieder merken, was ein blutiges Knie bedeutet

Ich war als Junge ein richtiger Hosenscheißer. Mein Vater nannte mich sogar eine kleine Memme, als ich mit fünf Jahren plärrend vor einem Ausflugsdampfer stand und ihn einfach nicht betreten wollte. Ein paar Tage vorher hatte ich klamm und heimlich einen Film über die *Titanic* geguckt – dümpelnde Leichen im eisigen Wasser und flehende Menschen, die sich röchelnd an Bootsrümpfe klammerten, bis sie steif auf den Grund des Atlantiks sanken; und ich, muffensausiger Pimpf, stand jetzt an der Möhnetalsperre im Sauerland und wusste, dass mein Ende nahte.

Da! Geh! Ich! Nicht! Drauf!

Ich brüllte es wild, fiebrig fast, mein Gesicht soll dabei rot wie eine Tomate gewesen sein. Ein riesiges Eis konnte mich dann, zumindest kurzzeitig, von der Sicherheit des Bootes überzeugen. Danach blieb ich meinem Ruf gerecht. Ich ging nicht auf Schiffe, weil sie untergehen konnten. Ich stieg nicht in Flugzeuge, weil sie abstürzen konnten. Ich schwamm nicht im Meer, weil ich vom Hai gefressen werden konnte. Ich kletterte nicht auf Berge, weil ich runterfallen konnte. Irgendwann hatte mein Herr Papa die Faxen dicke und schob mich entschieden auf das Dreimeterbrett des Bottroper Hallenbades. Wenig später kletterte ich vorsichtig die Treppe hinunter; ich hatte Angst auszurutschen, weil sie so glitschig war.

Mein erstes Fahrrad veränderte alles. Plötzlich war ich Tarzan, Ritter Ivanhoe und Robin Hood zusammen.

Der werte Erzeuger setzte mich nämlich auf so ein wackliges Ding, das kippen, schaukeln, taumeln und was weiß ich noch alles konnte. Aber kaum saß ich drauf, wusste der ausgediente Waschlappen: Das ist es, und zwar für immer.
Ich griff den Lenker wie der Torero einen Stier bei den Hörnern und ließ mir beleidigt die Stützräder abschrauben. Ich wollte nie

wieder runter, nie, nie wieder ohne sein. Stattdessen fegte ich mit grimmiger Miene über die Bürgersteige und legte meinen neuen Freund jede Nacht heimlich unters Bett, bevor ich ihn mit alten Unterhosen putzte.
Nur gut, dass mir für meinen Schulweg ein paar Zentimeter für die Genehmigung einer kostenlosen Busfahrkarte fehlten. So konnte ich jeden Morgen vor meiner frischen Flamme Hildegard eine zünftige Vollbremsung machen, dass die Reifen nur so qualmten. Irgendwann bretterte ich aber sehr stümperhaft über ihre nigelnagelneuen Lackschühchen und unsere junge Liebe erlosch vorübergehend bis zur nächsten Doppelstunde.
Das Rad machte mich mutig, glücklich und zu einem, na ja, liebenswerten Rabauken. Ich stürzte mich so fröhlich durch die Kindheit, dass meine Mutter oft schon mit einem aufgerissenen Heftpflaster im Treppenhaus auf mich wartete; oder unser Hausarzt mir die Steinchen aus den Knien popelte.
Und heute? Was lese ich da gerade? Immer mehr Kinder fallen in der Schule bei der Fahrradprüfung durch. In der Kita gibt's kaum noch Zweiräder, unsere Brut verfettet vorm Computer, und irgendwelche schlauen Forscher fanden heraus, dass es den Knirpsen ganz dramatisch an Bewegungssicherheit und motorischer Wahrnehmung mangelt.

Manche können nicht mal unfallfrei auf den Sattel steigen. Ha, kein Wunder, denke ich, wenn die chronisch besorgten Erzeuger ständig bangebüx um sie herumhelikoptern und beinahe panisch darauf achten, dass ihre Nachkommenschaft bloß nicht den Boden küsst. Um vielleicht zu spüren, wie Schmerz geht.

Erst neulich sah ich eine plappernde Sippschaft aus schätzungsweise sechs Generationen dabei zu, wie sie dichtgedrängt im Ententanz um einen gelben Helm eierten, in dem offensichtlich der Kopf eines Mädchens steckte, das einfach nur in Ruhe Fahrradfahren lernen wollte.

Also glauben Sie einer Memme wie mir: Lassen Sie Ihre Kinder gefälligst auch mal Kinder sein. Heben Sie sie zärtlich in den Sattel, damit sie endlich in aller Ruhe am Rad drehen können.

Blech ist frech

Von Orten, die Radfahren ganz schön schwer machen

Im letzten Sommer fuhr ich mit meiner Frau durchs Viertel. Da es aber bekannterweise noch andere hübsche Damen gibt, drehte ich meinen Hals in einem plötzlichen Brunftanfall nach irgendeinem jungen Gemüse um. Gerade in dem Moment, als wir auf der Höhe unseres türkischen Händlers waren, wo der Radweg etwa so breit ist wie eine Bananenschale.

Als ich beim Anblick der holden Weiblichkeit dann auch noch das achsengeometrische Schieflagenverhalten meines edlen Gefährts testen wollte, ging das Ganze natürlich völlig daneben. Ich lag kopfüber im Kohlrabi und zog mir die Lauchstangen aus den Ohren.
Meine hübsche Frau grinste hämisch.

Sie werden jetzt sagen, selbst schuld, wenn ich seniler Schnellspanner so geistlos durch die Gegend presche, obwohl ich die Pubertät eigentlich seit Lichtjahren verlassen haben sollte. Doch zu meiner Entschuldigung muss ich gestehen: Die Mädels hatten mich hormonell wirklich stark unter Druck gesetzt, und mein Drahtesel sieht, wie immer wieder gern erwähnt, auch nicht so aus, als käme er aus der Schraubenabteilung eines Baumarktes.

Ich dachte nur: So ein Bock will doch zeigen, was er kann.

Warum ich Ihnen das erzähle? Weil ich mich später bis ins letzte Kettenglied geärgert habe, damit doch nur wieder diesem armseligen Bild entsprochen zu haben, das sich der

normalsterbliche Autofahrer mit der Häkelrolle auf der Hutablage häufig von uns Radfahrern macht.
Rüpel! Rad ab! Und so weiter.

Ja, solch sprachliche Entgleisungen wärmten mir den Nacken, als ich mich, ganz klein mit Helm, aus den osmanischen Rabatten machte. Ich hatte es aber auch nicht anders verdient.

Dabei ist die Sache doch ganz einfach. Das Rad ist kein Fluch, sondern ein großer Segen für die Stadt. Nur hat die Stadt es noch nicht gemerkt. Wie oft heize ich an diesem brütenden Blech vorbei und zähle im Stau sehr amüsiert die von mir überholten Autos, die in der Abendsonne in ihren Feierabend schleichen.

Und dann denke ich, weit weg von meinem Türken um die Ecke, aber mit einem Lächeln im Gesicht: Jede Stadt sollte verdammt dankbar sein über jeden, der sich zur Fortbewegung in den Sattel schwingt.
Irgendwo las ich, dass ein zwei Meter breiter Radweg, der von der normalen Straße abgetrennt ist, in der Stunde bis zu sechstausend Menschen durch unser infarktgefährdetes Gemeinwesen schleusen kann; während es in der Zeit nur schlappe tausenddreihundert Rostbeulen durch das großstädtische Gedränge schaffen.
Finden Sie nicht auch? Ein Rad bringt doch erst echte, gute Frische in unser wahnwitziges Getriebe, es ölt den Alltag und pumpt freudig erregt die Verkehrsadern frei, bevor sie vollends in hupender Hektik kollabieren. Das Rad gehört die Zukunft, sowieso. Das sollten sich diese feinpinkligen Städteplaner mal hinter die spießigen Einstecktücher schreiben, wenn sie wieder nur Angst haben, dass sich ihre Armanihosen in der Kette verklemmen.

Wie wäre es denn mit mehr Ställen zum Unterstellen unserer Böcke? Mit mehr Zäunen, an denen man sie vor Dieben sichern kann? Einer kleinen Spielwiese zum Austoben, auf der man sich nicht ständig mit den Autos ins Gehege kommt? Warum gibt es bei uns nur Automaten, die Kippen auswerfen, und keine Schläuche ausspucken? Wacht auf, ihr Kreativen im städtischen Chaos! Denkt mehr ans Rad! Wisst ihr, das ist so ein wendiges, wackliges Ding, auf dem man wunderbar sitzen und so herrlich Leben atmen kann. Hallo? Es wird dringend Zeit für mehr Anerkennung.

Übrigens, bei meinem Türken um die Ecke tut sich was. Sie machen gerade für weitere Hormonattacken den Radweg breiter.

Nur über meine Speiche

Wie erweckt man Fahrradleichen zum Leben?

Schon klar, ich geh hier beim Schreiben hart an die Grenze. Hilft ja nix – und manchmal kommt sogar dabei was raus, dass meinen zwei Ehrenrunden und der Vier minus in Deutsch auf der Penne eindeutig schmeichelt.

Ich liebe es, Neugier in die Tasten zu hacken.

Aber gestern habe ich was Dämliches gelesen, dafür hätte kein Baum sterben müssen.

Da macht uns doch so ein blöder Pflaumenaugust das Radfahren madig, weil es angeblich der Tod unserer Wirtschaft sei. Ich weiß nicht, ob mein antikes Hirn noch alles ganz genau hinkriegt, aber vor allem schrieb der ziemlich verpeilte Phrasendrescher Folgendes: Der Radfahrer tue nix für die Welt.
Er kaufe keine Autos, leihe sich kein Geld, brauche keine Autobahnen, keine Parkplätze, keine Versicherung und keinen Sprit – und sei auch ganz gern mal pumperlgesund, was laut besagtem und verwirrten Zeilenschinder sozialökonomisch einer kleinhirnkranken Katastrophe gleichkomme.

Geht's noch? Außerdem patzte er dann noch wegen unseres multiorganischen Wohlbefindens herum, weil wir so selten zum Arzt gehen, keine Tabletten schlucken, keine Krankenhäuser beglücken, na ja, lange Rede und kein Sinn: Es endete mit der kaltschnäuzigen Behauptung, dass nur noch Fußgänger schlimmer seien. Weil die nicht mal ein Fahrrad haben.

Ich finde, für nutzlose Gedankentrottel wie ihn kann die Strafe gar nicht hart genug ausfallen; und so habe ich mir natürlich was nettes Böses ausgedacht.

Man sollte einfach auf einen Schlag alle Fahrradleichen zum Leben erwecken und diesem Sesselpupser auf den steifen Hals hetzen. Das wäre ein Spaß!

Denn allein in Hamburg, wo ich die Ehre glücklich herumzubuckeln habe, soll es über viertausend davon geben. Wenn man sie überhaupt noch sieht. Einige sind ja schon so lange angekettet, dass sie der gefräßige Großstadtdschungel fast verschluckt hat, weil Gras durch die Speichen kriecht und Moos auf den Sätteln wuchert.

Egal, ich stelle mir das so vor: Unser hitziger Maulheld könnte schön alle malträtierten Drahtesel in die Freiheit flexen und ihnen vorher liebevoll übers Fell streichen. Kette spannen, Bremsen einstellen, Schrauben nachziehen, na ja, das volle Programm eben. Da könnte er sich auch gleich mal an die Empfehlung eines guten, deutschen Ordnungsamtes halten, das sehr deutsch empfiehlt, ein Fahrrad erst als schrottig zu erklären, wenn Sattel, Lenker oder Pedale fehlen. Kann man sich doch gut merken.

Dann hätte unser Herr Schlaumeier
wirklich mal was für die Welt getan.

Mehr jedenfalls als mit seinen zwei Auspuffen zum Biomarkt zu düsen, um sich seine nicht gerade nachhaltigen Avocados zu kaufen, weil sie mehr Wasser brauchen als ein Sauerländer Stausee. Weil es solche Stinkstiefel ja überall gibt, könnte man sie bestimmt in vielen Städten dazu verdonnern, die einzig wahren Fahrzeuge für unsere Zukunft wieder aufzupolieren.

Ich lasse meine Schätzchen sowieso niemals verwildern, auf keinen Fall, niemals: nur über meine Speiche!

Schreiben ist ganz leicht. Man muss bloß
die falschen Wörter weglassen.

2. KEINE GNADE FÜR DIE WADE

Über feuchtfröhliche Migränerunden auf Malle und schleimspuckende Speichenlecker, die man höchstverächtlich Lutscher nennt. Warum sich mein Arzt über die Verflüchtigung meiner kinästhetischen Differenzierungsfähigkeit eines antiken Tretlagers amüsierte und Spritzwasser bei Schmuddelwetter die manifestierte Wesenspositionierung von Warmduschern stärkt.

Rotz an der Backe

Wenn Männer beim Radeln unter sich sind, blüht gern mal die Fantasie

Vor ein paar Jahren war ich mit meinen Kumpels auf Mallorca. Das klingt eigentlich ganz angenehm. Aber wenn fünf kurzbehoste Männer im, na ja, besten Alter mit dickem Kopf und blanken Beinen auf die Sättel ihrer Schätzchen steigen, kann es auch mal ganz schön haarig werden. Dann heißt es protzen, bis die Felge kracht, und jeder von uns hatte mächtig Rotz an der Backe, wie wir im Ruhrpott für nichtsnutzige Angeber sagen.

Seelenklempner nennen das, glaube ich, manifestierte Wesenspositionierung. Was die Sache auch nicht besser macht.

Wir waren aber auch echt gut drauf. Das Bier floss regelmäßig, und wir fielen den ganzen Tag mit großer Überzeugung aus dem Rahmen. Unsere Liebchen wurden mit aufs Zimmer genommen, die Kette flegelig mit dem Hotelhandtuch geputzt; irgendwann begaben wir uns auf die sprachliche Höhe eines einigermaßen gebildeten Neandertalers, der zwar noch nichts von der Erfindung des Rades wusste, aber uns rhetorisch sicher in jede Satteltasche gesteckt hätte. Jeder haute noch einen raus, bevor ihm am nächsten Berg die Luft ausging.

Was, du musst pinkeln? Zieh es rauf und spuck es runter.
Windig heute, habt ihr auch alle eure Stützräder dabei?
Nee, ich bleib hinten. Von mir aus könnt ihr ja Fliegen fressen.

Ach, herrlich blöd war das, einfach bloß gefahrlos Kerl zu sein.

Sprüche, so platt wie der Reifen bei einer Panne, und keine gnadenlos gendernden Frauensleute weit und breit, die aus jedem Radfahrer immer gleich Radfahrende machen, weil sie den syntaktischen Geschlechterkampf wittern. Damals war die Welt für uns tiefdruckblasse Fettverbrenner noch in Ordnung. Da hieß es keine Gnade für die Wade; oder Gegenwind formt den Charakter, und wer später bremst, ist länger schnell. Aber was willst du auch verlangen von schleimspuckenden Tretern, die den letzten Mann am Ende ihres Rudels einfach mal Lutscher nennen und das völlig ungefragt durch jedes spanische Dörfchen brüllen? Die lässig überm Lenker hängen, sich schweißnass in der Sonne pökeln und den Hintern fingerdick in gute alte Atrix tunken, um sich keinen Wolf zu reiten.

Wir kannten keine Verwandten mehr, so viel steht fest.

Abends wurde dann sehr liebevoll der dicke Kopf gepflegt. Wir steckten nach fünfhundert Kilometern eine Kerze an, glotzten ehrfürchtig in ihre Flamme, und mit jedem Schluck kam mehr als nur Schnaps auf den Tisch. Der kennt den, der macht das so, und hast du schon gehört? Und so weiter. Ich glaube, wir waren die ersten Verschwörungstheoretiker, lange bevor Bill Gates angeblich das Blut von kleinen Kindern trank.
Irgendwann becherten wir äußerst männerfroh bis in den frühen Morgen auf die Mythen des Radsports – ja, man kann sagen, wir ließen kaum was aus. Radfahren macht impotent? Wirklich? Weiß ich genau, weil der Sattel familienfeindlich unterm Freudenspender klemmt. Kerle sollen sich gefälligst die Beine rasieren, damit die Stelzen im Gegenwind schlüpfriger werden.

Lange Kurbeln? Hohe Gänge? Sowieso, wenn du die lästigen Versager abhängen willst; und zum Frühstück hieß es natürlich zentnerweise Nudeln spachteln, damit wir die glykobiologische Suffixose unserer gierigen Wampen füttern können.

Meinte Freddy, unser Chemiker, und kippte sich schon wieder einen Brandy hinter die Binde. Prost. Die Nächte waren lang und der Verstand kurz, und wir hätten ewig weiter so salbadern können, wenn wir nicht nach einem komatösen Sekundenschlaf zur Migränerunde gemusst hätten.
Wie war´s, fragte mich meine weitaus bessere Hälfte, als ich zurückkam. Ist die Insel schön? Keine Ahnung, sagte ich. Entweder hatte ich alter Lutscher ins Glas geschaut oder würdelos hechelnd auf das Hinterrad des Vordermanns geguckt.

Bei Sonne kann doch jeder

Im Winter kommt die Zeit der echten Kerle

Mein Klassenlehrer hieß Hubert Handke und war ziemlich hart drauf. Wenn es kalt wurde, hatte er große Ähnlichkeit mit Gurbanguly Mälikgulyýewiç Berdimuhamedow, dem Präsidenten von Turkmenistan. Er trug dann Russenkappe, Springerstiefel und Tarnanzüge und brüllte so brutal über den Schulhof, dass seine drastische Dialektik bis in die letzten Winkel meiner kindlichen Seele drang. Herr Handke war Fachkraft für Heimatkunde und Turnen und den Winter erklärte er uns gern als Zeit zwischen dem Stand der Sonne im tiefsten Punkt der Ekliptik und dem nächsten Äquinoktium.

Na toll! Was hatten wir davon, wenn es draußen junge Hunde regnete?

Einer von uns jedenfalls viel Schokolade. Ein Kilo, mindestens. So eine aus Holland, Sie wissen schon, mit der man ausgewachsene Kühe erschlagen könnte. Die Tafel lag oft bis zum ersten Schnee im Kartenschrank, für mich war es die süßeste Versuchung, seit es Winter gibt. Der harte Hund Handke lobte sie nämlich für denjenigen seiner Zöglinge aus, der im tiefsten Punkt der Ekliptik noch bei Schnee in kurzen Hosen auf dem Rad zur Schule kam.

Nicht ohne Stolz darf ich an dieser Stelle behaupten, dass ich sehr häufig das Rennen für mich entschied, während sich meine bibbernden Beine mit zartem Raureif überzogen. Meine Mutter hasste ihn dafür. Aus Trotz schrieb sie haufenweise Entschuldigungen, ließ lakonisch wissen, dass ich nur wegen ihm im Sterben läge, und stopfte mich dabei mit Nutellabroten voll.

Daran muss ich heute oft lächelnd denken, wenn ich mir Gamaschen, lange Unterhosen und meinen heiß geliebten Gewitterpariser überziehe, um dann die volle Breitseite Pfützenwasser der blöden Blechkisten in mein würdevoll gealtertes Antlitz zu kriegen.

Wenn die Nässe dann doch irgendwann bis ans Gemächt kriecht und die Finger steif wie Eiszapfen in Sibirien werden, glaube ich, ach was, weiß ich, dass wir die einzig wahren Helden des Alltags sind.

Bei Sonne kann doch jeder, rede ich mir regelmäßig ein, wenn ich den feuchten Auswurf der Straßen wieder ausspucke. Allerdings könnte ich auch besser gerüstet sein.

Kürzlich las ich über eine Jacke, die eigentlich völlig normal aussah, deren Beschreibung mein greises, altmodisches Hirn einigermaßen überforderte: Drei-Lagen-Laminat, das aus robustem Oberstoff auf der Außenseite besteht, einer innenliegenden Membran und speziellem Futter. Sie hat winzige Poren und ist wasserdicht, atmungsaktiv und windabweisend. Die Poren sind so klein, dass kein Wasser von außen eindringen kann.

Das Material schützt nämlich subsidiär vor jeder Art von Feuchtigkeit.

Da streiche ich dann doch lieber über mein polyesterbeschichtetes Ganzkörperverhinderungsungetüm eines bekannten Kaffeerösters aus Hamburg und denke an Lehrer Handke.

Egal, wie sehr mich auch die Stadt mit Dreck bewirft. Mein Mund schmeckt trotzdem wunderbar nach Schokolade.

Radfahren? Aber sicher

Im Sattel hustest du jedem Virus was

Mein Frisör heißt Gerd. Er hat seinen netten Laden in meiner Straße um die Ecke und trinkt sich gern mal einen. Ich nenne ihn Figaro, aber wenn er auf mein schütteres Haupt guckt, stöhnt er immer, dass er auf einer Glatze keine Locken drehen kann.

Wir treffen uns oft in unserer Stammkneipe. Als das Bier eines Abends nur so strömte, setzte sich Gerd im Neoprenanzug, mit Taucherbrille und Schwimmflossen auf dem Hintern zuerst ins Spülbecken der Zapfanlage. Danach ging es ziemlich feucht weiter.

Jetzt aber war Gerd ganz schön eifersüchtig auf Saufkumpel Wolle. Der hat ein Fahrradgeschäft und ist schon seit kurz nach dem Krieg der Händler meines Vertrauens. Wolle weiß oft gar nicht wohin mit der Arbeit – und der Laden läuft besonders, seit uns vor Jahren dieses kleine, fiese Virus mit seiner ewig schlechten Laune infizieren wollte.

Schon damals nämlich hatte er immer heimlich geöffnet, als längst schon alles zu war – vor allem die Werkstatt ganz hinten. Da kam immer irgendein Hämmern und Scheppern raus, Wolle ist auch eher von grobem Gepräge. Keiner schien sich daran zu stören, dass er im Lockdown machte,was er wollte, und selbst unser Dorfsheriff war bei Wolle, als ihm die Pedale am Dienstfahrrad klemmte.

Wolle blieb jedenfalls knallhart im Geschäft, während Gerd die letzten Haare zusammenfegte. Ich glaube, Corona nahm Wolle sowieso nie richtig ernst. Irgendwann prangte so ein sündhaft teurer Hobel in seinem Schaufenster, dem er eine Art Pariser über die Holme gezogen hatte.

Hallo Virus, stand auf einem Schild, wir husten dir was.

Das hätte er sich eigentlich sparen können. Denn seit uns diese blöden Tröpfchen an die Lungen wollten, lief das Radfahren wie geschmiert. Ich brauchte nur meine paar Meter bis zum Park, und schon wurde es schwarz vor Leuten, die später sicher einmal Fahrradfahrer werden wollten.

Schwatzende Väter auf wackligen Rädern, die ständig nach hinten guckten und nicht wussten, wo ihre Kinder blieben. Ein Blick reichte und dir war klar, dass die meisten von ihnen das letzte Mal als Hosenscheißer auf einem Rad gesessen hatten. Sie schlingerten und taumelten nur so durch die Gegend.

Aber egal – willkommen im Club der kurzen Hosen.

Nirgendwo konnte dieser winzige Fiesling weniger über uns herfallen als im sonnigen Draußen auf dem Sattel. Hörte man doch jetzt noch mehr als sonst, dass es die Abwehrkräfte stärkt. Kein Wunder also, dass jeder seine alte Gurke aus dem Keller holte oder schicke neue Räder kaufte, als gäbe es kein Morgen. Später hörte ich, dass es bald mehr Drahtesel als Deutsche in Deutschland gäbe.

Wolle wird es freuen, ihm traue ich locker den Verkehrswandel zu. Aber ist ja klar, es gibt immer wieder Spielverderber. Während wir uns schon lange vor Corona endlich die Autos mit gesetzlich festgelegten Einmeterfünfzig vom Hals halten konnten, fordert jetzt so ein quarantänegeschädigter Professor aus Holland, der auch noch Bert Blocken heißt, dass man gefälligst über zwanzig Meter Sicherheitsabstand zu uns Virenschleudern beherzigen soll.

Zwanzig Meter! Geht's noch?

Das ist fast so weit wie eine Laufstrecke bei den Bundesjugendspielen. Nee, nee, Herr Klugscheißer: Radfahren ist und bleibt trotzdem die mit Abstand beste Idee in diesen Zeiten. So viel steht fest.

Gestern war ich wieder bei Gerd, Locken auf einer Glatze drehen.

Sei mal schön ruhig, sagte ich. Er ist bis Weihnachten ausgebucht.

Zieh Leine

Hund und Fahrrad passen tierisch gut zusammen

Ich liebte meinen Hund. Er war ein treuer Freund und brachte mir brav das Stöckchen zurück. Aber er guckte oft sehr beleidigt, wenn er mir das Holz verächtlich vor die Füße spuckte. Mein Hund war ein Border Collie, der ja als ziemlich schlaue Töle gilt. Da schien so ein doofes Spiel wohl völlig unter seiner Würde zu sein.

Wahrscheinlich zog er deshalb immer so ein Gesicht.

Den Blick kannte ich nur zu gut. Als Welpe hatte ich ihn unter sanfter Androhung von Gewalt in die Badewanne gesteckt, weil er auf einem Bauernhof geboren worden war und keine Möglichkeit ausließ, sich in den üblen Hinterlassenschaften der Rindviecher zu suhlen.
Nach der Dusche mied er Wasser wie die Pest. Ich hatte ein so schlechtes Gewissen, dass ich mich am liebsten selbst beim Tierschutzverein angezeigt hätte.

Doch meine Familie hielt mich davon ab. Papa, wer soll mit dem Hund gehen, fragte mein jüngster Sohn, wenn du in den Zwinger musst? Er fragte das sehr ernsthaft, weil seine anfängliche Leidenschaft für unseren cleveren Kläffer schon bald verblasste. Vor allem wenn es hieß, Gassi zu gehen, hatte er plötzlich sehr dringende Dinge am Computer zu erledigen. Er wollte dann lieber ins Weltall fliegen und nicht auf irgendeiner blöden Hundewiese abhängen.

Also tat ich mich mit meinem Hund zusammen. Wir hatten oft das gleiche Verlangen, uns im Trubel dieser lauten, präpubertären Versuchsanstalt aus dem Staub zu machen; die Sache war schnell klar – auch mein Hund schwärmte offensichtlich für mein nagelneues Mountainbike. Immer wenn ich es aus dem Keller an seinem Körbchen vorbeischleppte, hing ihm schmachtend die Zunge aus der Schnauze, und seine Augen leuchteten glücklich wie die Sonne im zarten Tau des jungen Tages.

Wir machten das so: Ich fuhr Rad, mein Hund lief Rad. Meine Frau rief uns dann auch gern hinterher, dass wir ruhig noch eine Stunde länger wegbleiben könnten. Feiner Hund, dachte ich, zückte die Leine, und schon zerbiss mein Hund keine Pantoffel mehr.

Stattdessen stand er schwanzwedelnd neben meinem chromblitzenden Kettenblatt. Ich klickte ihn am Halsband ein, und schon ging`s los: den Bach runter. Auf dem Weg erzählte ihm der schnaufende Typ am anderen Ende der Leine gern ein paar Geschichten von den Huskies in Lappland: wie er mal mit denen unterwegs war und wie schön sie ihn in seinem Schlitten gezogen hatten. Natürlich wollte mein Hund so etwas auch, aber das ließ ich alter, grauer Kilometerfresser doch nicht zu. Ich zog ihn sanft zurück, und irgendwann kapierte er sogar, dass sich Speichen und Pfoten überhaupt nicht mögen.

Wir hatten eine wirklich schöne Zeit. Ich ließ ihn auf den Feldwegen frei herumlaufen, er konnte sich dafür durch die hohen Gräser schnüffeln; und wenn ich durch meine dritten Zähne pfiff, war er sofort wieder da. Manchmal fuhren – äh, liefen – wir so dreißig Kilometer weit, keiner von uns konnte genug davon bekommen. Herrchen war stolz wie nur was, wenn wir einen Traktor oder irgendwelche Ackergäule überholten.

Ja, man kann sagen, wir waren ein Traumpaar.

Einmal schaute er beim Pesen so lange zu mir zurück, dass er in seinem hastigen Glück einen Baum übersah. Er überschlug sich, rappelte sich wieder auf und schaute mich an, als wollte er sagen: Jetzt bloß nicht nach Hause. Eine ältere Dame fing an mich zu beleidigen, sie hatte ein Hündchen auf dem Arm, das einer zittrigen Ratte glich. Wir ließen sie einfach stehen. Irgendwann schickte so eine bescheuerte Frau im weißen Kittel mein gutes Tier für immer in den Hundehimmel. Es dauerte lange, bis ich mich wieder in den Sattel setzte.

Fahr Rad, Alter

Biker leben länger und sterben gesünder

Es wurde ja bereits zaghaft angedeutet, dass ich mich nicht mehr in der Pubertät befinde. Von meinem Arzt rede ich auch schon mal, aber er ist die längste Zeit mein Freund gewesen. Seit er bei mir eine Verflüchtigung meiner kinästhetischen Differenzierungsfähigkeit feststellte. Dabei sah er mich an, als wollte er mir einen Löffel Haferschleim zwischen die dritten Zähne quetschen. Alter hat auch was Gutes, sagte er grinsend, du verschüttest mehr Bier, als du trinken kannst.

Mir war klar, dass ich kassenärztlich andere Wege gehen musste.

Mein neuer Quacksalber ist jetzt selbst Radfahrer. Und was für einer! Da können wir uns wunderbar über das achsengeometrische Schieflagenverhalten unserer Oberrohre austauschen, während er mir Sonden in die Gedärme schiebt.

Ich nenne ihn nur noch Doktor Rad. Er macht sogar jedes Jahr bei einem Rennen in der Schweiz mit, das dich nicht schon mit dreißig zum Senior erklärt. Ach was, sagte er, in dem Alter wirst du da gar nicht ernst genommen. Er erzählte mir von älteren Herrschaften, die man am Start zu zweit in den Sattel heben musste, weil ihre tattrigen Beine zum Laufen zu indisponiert waren.

Dann hielt mir Doktor Rad ein paar medizinische Studien vor die Nase. Die erste bewies, dass der Körper, egal wie viele Jahre er auch auf dem Buckel trägt, sich nachhaltig über jedes Drehen an der Kurbel freut. Bereits nach zehn Minuten auf dem Rad kräftigen sich die Muskeln, und das Blut wird leichter durch die Adern gepumpt. Wenn der Radweg zum Bäcker doppelt so lange ist, wird das Immunsystem gestärkt – was gerade im Winter dafür sorgen soll, uns diese fiesen Viren vom Hals zu halten.

Plötzlich guckte er mich ernst an und räusperte sich fast verlegen. Na ja, sprach er, natürlich sollte man im antiquarischen Bereich immer mal genau hinhören, ob nun das Knie oder doch eher der Sand im Kettenblatt knirscht.

Die zweite Erkenntnis war noch erstaunlicher, besonders für einen häufig sehr freien Journalisten, der sich in Würde gealtert glaubt und gern wissen würde, ob er jemals so etwas wie Ruhegeld für das hoffentlich sinnvolle Sortieren von Buchstaben in den Händen halten wird.

Sie haben Glück, sagte Doktor Rad, solange Sie weiter nach oben buckeln und nach unten treten. Dann zog er eine Untersuchung aus Dänemark hervor. Darin wurden dreißigtausend Radfahrer zwischen zwanzig und neunzig Jahren über vierzehn Jahre hinweg beobachtet und in zwei Gruppen eingeteilt. Diejenigen, die mit dem Rad zur Arbeit fuhren und mehr als drei Stunden in der Woche im Sattel saßen, wiesen eine um vierzig Prozent geringere Sterblichkeit auf als die ganz gemeinen Leisetreter.

Ich schreibe das nur, weil ich den Müller kenne.

Der hat mir früher das Schreiben dieser Kolumnen ermöglicht und fuhr mit dem Rad auch bei grässlichstem Wetter zur Arbeit; selbst wenn ihn die ganze Stadt mit Dreck bewarf.

Er sah dann aus wie ein griechischer Held mit Kapuze. Frisch, mutig, ewig jung. So hatte ich ihn aber nur bezeichnet, um mir die Rente zu sichern.

So schaut's aus

Über das Radeln mit dem Nasenfahrrad

Neulich habe ich einen fremden Hund geküsst. Wow, das war echt peinlich. Was hatte die blöde Töle auch auf meinem Sofa zu suchen? Na ja, ich kann nur sagen: Meine distinguierte Herzensdame bekam später einen Strauß tiefroter Rosen, weil ich ihre wunderschönen Lippen kurzzeitig mit den eklig hängenden Lefzen eines sabbernden Kläffers verwechselt hatte.
Ich bin vor Scham fast im Flokati versunken, weil beim heiteren Besäufnis wohl alle meine männlichen Sinne im Wodka ertränkt worden waren.

Vielleicht macht Alkohol doch blind, dachte ich.

Noch konnte ich also meine geistige Verwirrtheit voll auf den Fusel schieben. Doch nur Tage später war ich wieder völlig verpeilt, als ich auf den Sattel eines fremden Drahtesels sprang – und der Besitzer mit einem Pott Kaffee in der Hand wutentbrannt aus dem nächsten Bäckerladen stürmte.

Er brüllte mich an, dass ich ein mieser, kleiner Dieb sei; und ehe ich mich versah, hatte er mich am Schlafittchen gepackt und wollte mir an die Wäsche, aus der er dann ziemlich dumm guckte, als ich ein paar alte Judogriffe auspackte. Dieb? Ha, raunte ich ihm schweratmend zu, das heißt jetzt Fachkraft für spontane Eigentumsübertragung. Aber zu Späßen war er nicht aufgelegt. Stattdessen schloss er fluchend sein Schätzchen ab, während ich ganz in der Nähe endlich mein eigenes Rad ertastete.

Es wurde höchste Zeit, der Wahrheit ins Auge zu blicken: Ich brauchte eine Brille. Sofort. Hilft ja nix. Das Alter nagt nicht nur an meinen morschen Knochen und jagt mir echt beknackte Hexenschüsse in den Rücken, die kein Mensch braucht. Es beschert mir auch regelmäßig eine Presbyopie, wie wir Klugscheißer die in Würde ertragene Altersweitsichtigkeit nennen.

Da bist du dann kurzsichtig, weil du in der Ferne nichts mehr erkennst, und weitsichtig, wenn du in der Nähe nichts mehr siehst – und, ach, was weiß ich: Da blickt ja keiner mehr durch, wenn dich diese doofen Dioptrien erst mal im Stich gelassen haben.

Jedenfalls schob ich meinen Besuch beim Augenarzt ziemlich lange heraus. Aber als ich bei einer meiner Touren eine harmlose Pfütze für die ersten Ausläufer der Ostsee hielt, machte ich endlich einen Termin bei einem sehr kauzigen Herrn.
Er hatte so einen komischen Spiegelreflektor auf dem Kopf, sprach seeehr laaangsam und machte noch blödere Witze als ich. Nachdem er mich untersucht hatte, fragte er mich tatsächlich, wie ich überhaupt zu ihm gefunden hätte. Ha, sehr witzig.

Dann verschrieb er mir mit ernstem Blick ein richtig schickes Nasenfahrrad, um meinen, wie er das nannte, altersbedingten Funktionsverlust auszugleichen.

Was soll ich Ihnen sagen? Seitdem bin ich oft noch blinder, wenn ich auf meinem Bock hocke. Nur gut, dass mir als hartnäckiger Schönwetterfahrer kein Regen meine Gläser verschmieren kann.
Andererseits neige ich gern mal zur hemmungslosen Transpiration, wenn die Lust groß und die Sonne heiß ist; und ich vor lauter Freude an der Fettverbrennung nicht merke, wann ich mich kurz vor dem Kollaps befinde.
Dann läuft mir die Suppe von der Stirn bis in die Augen, während ich mir mit den Fingern ständig die Sicht freiwische – und gegenüber brillenlosen Zeitgenossen beim Lenken glasklar im Nachteil bin.

Jetzt wird wieder Frühling, hoffe ich, und man darf gespannt sein, wie ich mich als Sonnennasenfahrradfahrer machen werde. Bisschen cool sollte schon noch sein, ein letzter Rest männlichen Geweses. Ich glaube, da lasse ich mir was Nettes schleifen.

Ich schaue mal, dann sehe ich schon.

Prima für die Püche

Ein Heimfahrrad treibt dir jeden Herbstblues aus

Wenn ich früher schlechte Laune hatte, ging ich freiwillig in den Keller. Papa ist blödbrummig, sagte mein jüngster Sohn immer, als er gerade damit begann, die Beißkraft seiner Milchzähne am Bauch des dicken Teddybären zu testen; und seine Mutter, die damals netterweise meine erste Frau war, tat nichts gegen diese frühkindliche Verpeilung und grinste dabei auch noch so luziferisch, dass ich mich fast schon in suizidaler Absicht die Treppen hinunterunterstürzte.

Tiefer konnte ich in unserem Reihenendhaus eigentlich nicht sinken.

Unten ging es dann erst mal nach oben, auf so eine Art Sattel. Okay, es war eher so ein sitzfleischvergammelndes Stück Gummi, das mir hartnäckig auf die Kiste drückte. Irgendein lausiger Abgang in die Rabatten war nichts gegen diese Steißbeinschmerzen, und während ich oben meine nette Familie lautstark beim freudigen Leben hörte, kam mein seelisches Zerwürfnis auf diesem wackligen Ding, das ich Heimfahrrad nannte, einfach nicht ins kontradiktorische Gleichgewicht.

Wie denn auch? Wenn dich die Erdbeeren aus den eingemachten Marmeladegläsern wie rote, tote Frösche anglotzten und sich das Bügelbrett gerade selbstständig macht, um dir zerebralem Versager eins überzubraten. Sogar der Blick auf die Raufasertapete kratzte mir am galligen Gemüt. Oh Mann, ich musste manchmal an meine hochverehrte Oma väterlicherseits denken. Dem Knaben geht mal wieder der Herbst auf die Püche, sagte sie gern, wenn sie meine mürrische Flappe entdeckte.

Aber wenn ich im Keller endlich in den Schweiß kam, trat ich mir ganz allmählich meinen blöden Blues weg. War auch

herrlich, irgendwann. Du hockst da, ohne Helm und Flickzeug, kriegst von deiner Brut über dir lärmmäßig ständig was aufs Dach und fährst und fährst und fährst, ohne auch nur einen Meter mit der kippligen Tretmühle voranzukommen.
Ha, mehr ging doch nicht.

Ja, ich muss sagen, nach einiger Zeit konnte ich doch wieder ziemlich glücklich werden in meinem funzeligen Verließ. Während ich mich in die geriatrische Fettverbrennung flüchtete und meine müden Botenstoffe plötzlich Party feierten.

Fast hätte ich dabei den Totenschädel von Monsieur Élisée Bouny geküsst, weil er es schließlich war, der erstmals einen Drahtesel aufbockte, um seine Leibeskrafterlangung mit dem unterwegs erlittenen Gewichtsverlust zu ermitteln. Das schrieb er sich jedenfalls 1897 freudig erregt ins Tagebuch.

Heute ist alles anders, eh klar. Besonders bei mir. Irgendwann nämlich durfte ich wieder nach oben, weil mein Heimfahrrad wohnzimmerkompatibler wurde und viel besser zu unserer neuen Hightech-Glotze passte; ach was, ich hatte bald selbst eine direkt vor meinem transpirierenden Riechorgan.

Natürlich vom Feinsten, versteht sich. Pulsbasierte Trainingsprogramme, computergesteuerte Widerstandseinstellung, intelligentes Display mit digitaler LED-Anzeige, mit der du dich sicher eines Tages aus der Lüneburger Heide bis auf den Alpha Centauri beamen kannst.
Aber sowas von!

Außerdem heißt mein Heimfahrrad jetzt Ergometer, weil es mit beamtendeutscher Gründlichkeit der Gerätegruppe EN 957-1/5, Unterklasse A, zugeordnet wird. Klingt kompliziert – irgendwie sprachlich gefährlich.

Nächstes Mal setze ich lieber einen Helm auf.

Keine große Leuchte

Wie mir im Winter ein Licht aufging

Meine Schildkröte hieß Ingrid und war ziemlich schlau. Immer wenn es draußen saukalt wurde, gähnte sie mich so mitleidig an, dass ich sie in einen Schuhkarton packte und unter einer warmen Lampe in den Kartoffelkeller stellte. Ich ließ Laub über ihren Panzer rieseln und legte ihr noch ein paar Salatblätter mit ins Bett. Fünf Monate zu pennen kann sehr lange sein, auch für Ingrid und ihren kleinen Magen.

Viele Jahre später war ich in Sibirien wandern. Ich weiß noch, wir durften keinen Lärm machen, als wir an irgendwelchen eingeschneiten Höhlen vorbeikamen, um bloß keinen schlafenden Braunbären zu wecken. So leise war ich noch nie. Ganz schön schlau diese Tiere, dachte ich, die den Winter lieber durchratzen, als sich regelmäßig vom Wetter die Laune verderben zu lassen.

Meine liebe, treue Ingrid sowieso, sie wurde auf diese Weise steinalt, meine Tante Gudrun hatte noch lange was von ihr.

Und Menschen? Quälen sich tapfer fluchend durch Matsch und Schnee. Und wenn es wieder junge Hunde regnet, packen sich mit ihrem Zeugs so stark ein, dass eine Burka dagegen nur wie ein lächerlicher Sichtschutz wirkt. Dreck, lass nach.

Vor allem wir Radfahrer, die ja eigentlich ja auch zu den Menschen gehören, können ein Lied davon singen.

Ehrlich gesagt: Ich bin ein wasserscheues, nichtsnutziges Weichei, wenn es ums Radfahren im Winter geht. Ein Schönwetterfahrer, aber so was von. Ich lass dann mein blitzeblank gewienertes Schätzchen lieber auf dem Speicher stehen und mache bloß würdelose Spritztouren durch die Stadt, wenn es sich gar nicht mehr vermeiden lässt.

Dafür gibt es bei mir immer eine alte, hässliche Klapperkiste vor der Tür, an der sich nicht mal ein Dieb die Hände schmutzig machen würde. Seit Wochen will ich mich um ein neues Licht kümmern. Aber manchmal denke ich, vielleicht warte ich einfach, bis ich gar keines mehr brauche.

Das Beste am Winter ist ja, dass die Tage wieder länger werden. Nur weiß das meine betagte Kiste wohl noch nicht – und wenn ich am Vorderreifen den grausamen Dynamo umklappe, wird sie so langsam, da könnte ich genauso gut einen Stein in die Speichen schmeißen.

Trotzdem kommt das Licht nur sehr sparsam aus der flackernden Funzel, und ich bin schon froh, wenn sie mit ihrem armseligen Lichtstrahl überhaupt die nächste Hauswand erreicht. Was das angeht, bin ich wirklich keine große Leuchte.
Gestern habe ich beim Aldi so schicke Dinger zum Anstecken gesehen. Ich glaube, das ist es.

Gerade las ich, dass es mal ein Dynamopflichtgesetz bei uns gab, das erst vor zehn Jahren abgeschafft wurde. Jetzt sind sie keine Pflicht mehr und dürfen mit batteriebetriebenen Lampen ersetzt werden.

So weit, so deutsch. Aber dann wurde mir schwarz vor Augen, weil dort stand: Wird weiterhin ein Dynamo benutzt, muss dieser laut Paragraf 67 StVZO mindestens fünfhundert Milliampere Strom liefern.

Ich lief gleich runter zu meinem betagten Drahtesel, um seine Birne zu testen. Aber irgendein guter Gangster hatte wohl Mitleid mit ihm – und ihn mir einfach geklaut. Mir doch egal. Morgen hole ich meine Rolle in die Wohnung. Da brauche ich nur Deckenlicht und rolle so lange, bis ich von selbiger bin.

Habt ihr alle einen Stich?

Tattoos gehen beim Radfahren besonders unter die Haut

Früher habe ich mir immer gern Salmiakpastillen auf den Arm geklebt. Irgendwie leckte ich mir die schwarzen Dinger dann so lange auf die Haut, bis mein Speichelfluss der Regenmenge in der Wüste Gobi ähnelte. Und selbst den halbstarken Rabauken aus der Nachbarschaft blieb regelmäßig die Spucke weg, wenn ich das süße Kunstwerk auf die Elle sabschte. Es war der Anker von Popeye, dem Helden einer jeden einigermaßen anständigen Kindheit. Der alte Seebär hat Arme wie Schraubstöcke und zieht sich ständig eine Dose Spinat auf ex rein.

Sogar meine Mutter fand ihn manchmal präpubertär sehr wertvoll, weil ich ihm zuliebe und ohne zu meckern meinen Eisenhaushalt fütterte. Ohne damals zu ahnen, dass der angeblich sagenhafte Gehalt von Spinat auf einem Kommafehler beruhte. Na ja, Popeye hatte jedenfalls das erste Tattoo, das ich milchbärtiger Pimpf hautnah erlebte. Sein Anker gab mir Halt, um die grässlichen Schikanen meiner Eltern, die sie Erziehung nannten, zu ertragen.

Ich las seine Geschichten nachts heimlich mit der Taschenlampe unter der Bettdecke, und wenn sie mir wieder mal blöd kamen, stellte ich mich breitbeinig vor sie hin und lächelte sie wissend an, als hätte ich gerade auf einem Floß Amerika entdeckt. Ja, man kann schon behaupten: Popeye hat die oft raue See meiner bewegten Knabenzeit gerettet – während mir das Salmiak vom Ärmel bröckelte.

Aber was ist das alles gegen heute? Wo du auch hinguckst, kommen dir knallbunte Bilder mit Beinen entgegen; und kaum eine Stelle, die so ein astralleibiger Fettverbrenner auslässt, um dich beim Radfahren mit kitschigen Liebesergüssen oder peinlich genau nachgestellten Szenen irgendwelcher Fortpflanzungsprozesse zu langweilen.

Oft weißt du gar nicht, wo bei denen die Ärmlinge anfangen – und ob sie aus Verachtung gegenüber meiner blütenweißen Pelle besonders farbenfrohe, lange Hosen tragen.
Neulich erst hätte ich mir im Nacken meines Vordermannes ganz locker die Handynummer seiner Herzensdame abschreiben können. Haben die alle einen Stich?
Auf meiner letzten Hausrunde traf ich sogar einen völlig verwirrten Buckler, der statt Helm eine gestochen scharfe Schildkröte auf seiner Glatze spazieren fuhr. Ihr Panzer zog sich vom vermutlich sehr kleinen Kleinhirn über die kahle Platte bis ins Gesicht, wo ihm das freche Maul des Kriechers fast in die Nase biss.

Ich freu mich schon auf den Sommer: Dann darf ich mich an unserem Baggersee bestimmt am Hinterteil eines Milchviehs erheitern, das aus dem Nabel eines Bierbauchs grinst.

Oder auf freundliche Monster, die sich auf einem strammen Bizeps austoben.

Also, ich sag mal so: Da kann ich fast schon wieder diese tobsüchtige Mutter verstehen, die laut eines britischen Käseblatts ihrem offensichtlich rechtschreibschwachen Tätowierer mit spitzen Stiefeln ins Gemächte treten wollte, weil der mal eben beim Namen ihres Sohnes Kevin ein fettes L auf ihren Rücken hineingeschmuggelt hat.
Wie hätte er bloß Popeye geschrieben?

Gestern hatte ich eigentlich eine ganz praktische Idee, wie ich mir auf ewig die Rahmennummer meines kleinen Schätzchens merken könnte. Mein antikes Hirn neigt ja sehr hartnäckig zur Schusseligkeit, und so könnte ich mir doch im Falle einer plötzlichen Entwendung die Zahlen irgendwohin stechen lassen, wo sie keiner vermutet.
Ich überlege gerade, wo ich noch hinkomme. Unter den Füßen geht gar nicht, bis dahin schaffe ich es nicht mehr runter.

Bin doch schon selbst vom Leben gezeichnet.

Ende Gelände

Auf Teufel komm raus durch Gottes Natur?

Manchmal schlafe ich am Schreibtisch ganz selig ein. Dann bin ich so herrlich dösig, weil ich die Buchstaben so lange durchgeschüttelt habe, dass sie einfach keinen Sinn mehr ergeben; ja, ich kann sagen, meinen besten, reversiblen Zustand verminderten Bewusstseins, wie der gemeine Mediziner unser Schlafbedürfnis nennt, habe ich gerade vor dieser blöden Kiste, deren Bildschirm mich oft so gern frech und leer angähnt.

Aber wenn ich alter Sack kurz und zufrieden wegsacke, habe ich stets die kühnsten Träume.

Ich knacke, ich ratze, ich pofe und träume, ein großer, stiller Held zu sein. Klettere bei der Tour de France die steilsten Berge der Alpen hinauf und beackere auf meiner Eierschaukel alles, was mir unter die Reifen kommt. Irgendwo ist jedoch Ende Gelände, und ich wache regelmäßig voller

Tatendrang auf. Ich muss dann sofort in den Sattel und bin heißhungrig darauf, Kilometer zu fressen.

Also rein ins Gelbe Trikot und hurtig auf den Deich.

Die Elbe ist lang und kennt keine Gnade für die Waden; solange man tagsüber schläft, ist man ja fit wie Jan Ullrich in seinen weitaus besseren Zeiten.

Es lief. Ich saugte mich im Windschatten eines superschicken Elektrorads mit einem heißen Greis obendrauf fest und pöbelte lautstark über hollandradfahrende, weibliche Wesen, die am Straßenrand herzallerliebst Blümlein pflücken. So geht das dann immer, bis ich hochrot, aber mit entschieden stolzer Heldenbrust im nächsten Biergarten hocke.

Dort traf ich Anna und Wiebke, eher zufällig. Doch als sie mich sahen, sagten sie mir ganz komische Sachen. Anna und Wiebke sind Künstlerinnen, sie zeichnen – für Zeitschriften, Bücher, alles, was so anfällt. Auf einer Weihnachtsfeier sagte ich mal einfach Bilder dazu. Da kriegte ich ganz nett was auf den Deckel. Zu Recht, wenn man ihre wunderbaren Arbeiten kennt. Geht's noch?, meinten sie, wir illustrieren, merkt dir das, du kleiner Schreiber. Ich merkte.

Jetzt aber wirkten sie völlig entspannt und bestanden auf ihrer Behauptung, nur so zum Spaß Fahrrad zu fahren. So lässig hatte ich die Sache noch nie gesehen. Ich glotzte auf ihre Hollandräder und Birkenstocksandalen und fragte fast ungläubig:

Wie jetzt, zum Spaß?
Ja, wir fahren. Wir reden. Wir erfreuen uns an der Landschaft. Wir pflücken Blumen.
Ach, ihr wart das. Und was habt ihr auf der Uhr?
Halb vier.
Kilometer, meine ich.
Uns doch egal. Dafür haben wir Störche gesehen und uns vom Wind tragen lassen.
Störche?

Ja, man muss auch mal genießen können.
Platz da! rufen Typen nur
wie du, wenn wir im Weg
stehen.

Hastig trank ich mein Bier aus.
Ich war völlig bedient, rief Platz da!
und radelte ganz langsam nach Haus.
Eigentlich echt hübsch, die Gegend,
dachte ich.

War mir noch nie so richtig aufgefallen.

3. TOTAL GERÄDERT

Ob Faltrad, Tandem, Elektrohobel oder sehr sperrige Familienkiste, in der die brüllende Brut baldowert: Es ist und bleibt doch immer wieder eine Typfrage, welches Rad zu einem passt. Von herrenlosen Damenrädern und Torpedodreigang unterm Stummellenker; oder ganz besonders klapprigen Drahteseln, die gern mal aus dem Rahmen fallen.

Alles Akku oder watt?

Ich musste erst Rücken kriegen, um den Segen des E-Bikes zu begreifen

Okay, ich liebe meine Jungs. Aber der ältere von ihnen bringt mich oft zur Verzweiflung. Er lacht dann immer so ein rotznäsiges Herr-Lehrer-ich-weiß-was-Lachen, mit dem er mir – der analogen, armen Leuchte – wohl sagen will, dass die Vesikel meiner Synapsen bereits beim Betätigen eines Lichtschalters völlig überfordert sind.

Andererseits ist er aber auch technisch sehr hochbegabt und hat schon als neunmalkluger Windelträger sämtliche Festplatten unserer Nachbarn aufgeräumt. Wenn er nicht gerade wieder ins Weltall musste, um ein paar lästige Aliens zu töten, während unser Hund mit voller Blase aufs Gassigehen wartete.

Eigentlich kann ich mich auch gar nicht beklagen. Letztes Jahr hat er sogar die Macht über meinen Rechner übernommen, irgendwo von ganz weit weg, indem ich ihm mit einem lustigen Passwort so lange den Zugang auf meinem Bildschirm erlaubte, bis ich mein Bier getrunken und er den Fehler gefunden hatte.

Papa, sagte er, du hast die Taste für die Großbuchstaben eingerastet, da ist doch klar, dass nix mehr geht. Ja, sagte Papa, ist doch klar, und machte sich die nächste Flasche auf.

Manchmal versuchen wir auch zu telefonieren. Sie müssen wissen, er hat so ein schwarzes, dünnes Ding, das er Handy nennt und ihm seine äußerst übersichtlichen Schritte am Tag zählt und den kürzesten Weg zum Mond berechnet; ich glaube, irgendwann wird er sich sogar damit rasieren können.

Aber was ist, wenn ihn sein technikidiotischer Erzeuger dringend braucht?

Nichts als Schweigen im digitalen Wald. Mein Akku war leer, sagt er meist mitleidig – und antwortet mir nach Wochen auf Fragen, von denen ich gar nicht mehr wusste, dass ich sie gestellt hatte. Immerhin habe ich eines Tages mitbekommen, dass er mich zum Opa gemacht hat.

Irgendwann stand er jedenfalls mit diesem flotten Schwachstromhobel da, das gute Kind.

Er funkelte verführerisch in der Sonne, und da ich ziemlich heftig Rücken hatte, ließ mich mein liebes Söhnlein ganz vorsichtig aufsteigen und schob seinen antiken Vater zärtlich an. Ich solle bloß nicht so lange, die kesse Kiste war ja nur geliehen. Ha!

Es traf mich wie aus heiterem Himmel, ein weicher, warmer Blitz bis in die Dornfortsätze der lädierten Lenden. Ich flog auf einer Wolke dahin, grinste breit, rief meine Freude heraus und spürte so viel Spaß in den Backen, dass ich mir später die Fliegen aus den Zähnen pulte.

Sofort verfiel ich in eine Art senile Demut, in eine leise, geriatrische Ergriffenheit. Schließlich hatte ich noch zu Beginn dieses Büchleins darüber gelästert, mich nie im Leben auf so einen beknackten Elektroschrott zu setzen. Ihhh-Bike, lästerte ich.

Nur blöd, dass mein krummes Kreuz erst eine spondylotische Spondylolisthesis kriegen musste, um den Segen dieses wunderbaren Stroms zu begreifen.

Ich schaltete von *Eco* auf *Turbo* und gab meinem laut schnaufenden Sohn nicht den Hauch einer Chance, seinen glücklichen, alten Herrn je wieder einzufangen. Wollte nie mehr runter vom Rad. Wollte mit Schmackes durch die Gegend stromern.

Mein Akku war noch lange nicht leer.

Brüllende Brutkästen

Bei Lastenrädern geht Liebe durch die Waden

Ich wohne seit einigen Jahren im fünften Stock. Im Flur fluche ich gern sehr laut, wenn ich für meine ständig hungrige Herzensdame ein paar Tonnen systemrelevanter Lebensmittel hochschleppen darf – als würde bald ein Krieg ausbrechen.

Aber oben wartet jedes Mal der Himmel. Dann sitze ich auf dem Balkon, glotze genüsslich in die Bäume und gucke kleinen, fiesen Blutsaugern dabei zu, wie sie im Liebesspiel unser Bohnenkraut malträtieren. Manchmal mache ich ihnen Angst, indem ich Hemingway zitiere:

Honig essen? Ha, ich kaue Bienen, soll der olle Saufsack ja gesagt haben. Danach sind sie alle gleich weg.

Auf der anderen Straßenseite liegt eine Schule. Sie ist nicht zu übersehen, und überhören geht gar nicht. Denn ständig helikoptert die eifrige Erzeugerschaft so fürsorglich um ihre Brut herum, dass es mir bis ins antike Hirn dröhnt.

Und erst ihre protzigen Nobelhobel!

Ein Schlachtfeld der Eitelkeit, ätzend, oft stinkt es aus den spritspuckenden Geländewagen bis zu mir auf den Balkon, und das Chrom schmerzt mir die Augen. Mutti holt mit zwei Tonnen Auto dreißig Kilo Kind ab, lässt dabei den Motor laufen und düst anschließend in den Bioladen, um ihre Herzchen vor dem Geigenunterricht mit Rohkost vollzustopfen. Das ist doch echt mal konsequent.

Nicht, dass ich Kinder nicht mag. Ich selbst habe welche, die ich manchmal sogar noch mehr liebe als mein Mountainbike. Wo sie sind, ist Hoffnung, hat irgend so ein Schlaumeier für die Postkarte verewigt.

Finde ich auch. Aber gerade eben hatte ich in der Kneipe meines Vertrauens ein spätes, sehr bierseliges Gespräch darüber, ob man in diese Welt noch Kinder setzen sollte, wo doch bloß immer nur so eklige Viren durch die Gegend geschleudert werden und der Klimawandel in Sibirien für Freibadwetter sorgt. Nach einigen hastigen Schnäpsen, ich weiß es noch wie heute, fiel das unheimlich lustige Wort *Spermafrost*.
Na toll, wieder ein Freund weniger.

Doch seit einiger Zeit hat sich bei mir im schicken Viertel einiges getan. Wer auf sich hält, hält am liebsten an der Schule und braucht keinen albernen Kleintransporter mehr, an dessen Scheiben der verzogene Mops sabbert.

Nee, die blöde Töle darf jetzt auf der hübsch überdachten Ladefläche eines Lastenrades Platz nehmen und mit dem plärrenden Sprössling seiner hippen Sippschaft kuscheln. Mehr geht nicht, glaube ich, um ganz vorn zu sein.

Diese sperrigen, sauteuren Dinger mit der eingebauten Vorfahrt sind beim mir so beliebt wie Vegetarier im Schweinestall. Jetzt heißt es nämlich, einen halbwegs gekonnten Stunt in die Rabatten zu machen, weil es Mutti wie immer eilig hat und in die Pedalen tritt, als gäbe es kein Morgen mehr. Oder Papi ganz schnell zur Konferenz muss. Oder was weiß ich.

Jedenfalls sind diese netten Geschosse viel besser zu ertragen als jeder dieser peinlichen Panzer, die sich Autos nennen.

Die Lastenräder heißen *Bakfiets, Muli, Babboe* und eines sogar *Urban Arrow*, und ja, ich finde: Auch wenn sie nicht gerade billig sind, trotz meiner zärtlichen Abneigung sollte bald jeder eines haben.

Ich sitze schließlich auch im Winter auf dem Balkon, weil das Bier so schön kalt bleibt.

Klappt doch

Wie ein kleines Rad auf dicke Pose macht

Meine dritte erste große Liebe hieß Angelika. Ich war total verknallt in sie; also ganz bestimmt genauso unsterblich wie in die zweite dritte oder erste zweite. Oder in die erste dritte, so nämlich.

Jedenfalls bin ich schon ein äußerst hormongeplagter Pubertant gewesen, dem die frühmännlichen Flausen nur so durch die Synapsen sausten; und wie immer weise ich darauf hin, dass ich bis heute ungern gendere – wie so manch andere weichgekochte Lusche. Weil es für mich wie ein semantischer Schluckauf klingt.

Wie verweiblicht man eigentlich Schlappschwanz?

Auf jeden Fall war ich damals mit meiner dritten ersten großen Liebe viel mit der Bahn unterwegs; und einmal kauften wir uns sogar einen Fahrschein, mit dem wir einen Monat lang über Österreich, die Schweiz, Frankreich, Italien, Jugoslawien, Griechenland und dann bis nach Schottland gleisten.

Wir machten uns damals so klein wie es nur ging. Poften in schwankenden Gepäcknetzen, zwischen Wassermelonen und stillenden Signoras; die engen Plätze waren oft ein Fall für Amnesty International. Aber andererseits ließ es sich so auch prächtig kuscheln.

Angelika ist längst Geschichte. Eigentlich war es schon aus, als sie irgendwann auf unserer Fahrt behauptete, dass wir doofen Männer ohne Frauen noch immer in Höhlen auf die Früchte starren würde, um auf deren alkoholische Gärung zu warten.

Schon deshalb heulte ich ihr keine Träne nach und kaufte mir vom Rest des Schützenfestes ein altes Klapprad. Wir beide hatten eine Menge Spaß, es passte überall hin und außerdem war es schön ruhig, solange nicht das Schutzblech schepperte.

Heute ist die Sache ein wenig anders. Da ich mit diesen Zeilen, wie schon erwähnt, vermutlich ein Vermögen verdienen werde, habe ich mir mal so ein richtig teures kleines Spielzeug gekauft, das keiner ernst nimmt, wenn es irgendwo als trauriges Bündel in der Ecke steht.
Aber schnüre es bloß mal auf. Dann steht es sofort stolz da und macht auf dicke Pose. Ich sag nur: Kurbel aus geschmiedetem 6061er Aluminium mit Fünfzig-Zoll-Kettenblatt und integriertem Trittfrequenzsensor mit präzisionsgezogenen Stahlrohren und handgelöteten Verbindungen.
Alles klar so weit?

Auch wenn die Leute oft blöd gucken, ich lass mich mit meinem mickrigen Faltrad niemals runtermachen. Von wegen *unten durch*, es trägt mühelos meinen antiken Astralkörper und passt auch noch bestens unter den Weihnachtsbaum. In den Großraumwagen sowieso. Kostenlos, versteht sich.

Neulich habe ich auf dem Faltrad ein paar Spirenzkes gemacht, wie wir in Bottrop groben Unfug nennen, und meine gerontologische Trickkiste ausgepackt.

Ich kann schließlich bei voller Fahrt sehr lässig meinen kleinen Finger vom Lenker abspreizen. Doch diesmal verlor ich erstaunlicherweise die Kontrolle über den kleinen Flitzer und hätte mit dem Vorderreifen einer älteren Dame fast ihre Brötchentüte aus der Hand gesemmelt.

Sie schimpfte laut hinter mir her.

Ich glaube, sie wollte mich zusammenfalten.

Ganz ohne Flachs

Mit dem Biorad bist du nicht auf dem Holzweg

Früher streifte ich gern mal mit meinem klapprigen Stahlross um die Ecke; und ja, Kerl in – äh, auf – der Kiste: Es quietschte so laut und erbärmlich, dass von den Kumpels in der Zechensiedlung nur blöde Sprüche kamen.

Sie standen dort nach der Maloche vor der Trinkhalle mit einer Pulle Bier herum und warteten bloß darauf, sich über meinen Anblick zu beömmeln. Da ist der Eumel wieder, riefen sie, mit seinem dösigen Pröttel! Ja, verdorri, sowas in der oft fiesen Art musste ich mir anhören. Es hieß, auf Deutsch und kurz beleidigt: Was ist denn das für ein Schrott, du Heiopei? Aber genau da war mein Rad auch her.
Irgendwann hatte ich es mir rotzfrech vom Pritschenwagen gezogen, als unserer Klüngelskerl es gerade völlig mitleidlos zum Müllplatz karren wollte. Mein Vater gab ihm einen Heiermann, wie man das Fünfmarkstück nannte, und die Sache war geritzt.

Ach so, Klüngelskerle scharwenzeln den ganzen Tag mit ihren Klitschen durch die Gegend, spielen ziemlich quer Flöte, kaufen Blei, Kupfer oder Metall zum Tagespreis auf und verkloppen alles, was sich zu Geld machen lässt.

Blech reden sie dabei auch, wie meine Oma stets sagte, für sie waren das alles Haderlumpen.

Trotzdem hatte ich jetzt mein Fahrrad für öfter; für zum Bäcker, nach Karstadt und zum Fußballspielen auf der Wiese und so. Eine rostige, alte Möhre, die ruhig geklaut werden konnte, während mein Fahrrad für gut manchmal wochenlang im Schuppen blitzte.
Stummellenker, Torpedodreigang, Nabenputzer – man könnte sagen: Es war ein bisschen wie bei meiner Pepitahose, die ich sonntags mit sanfter Gewalt meiner Eltern anziehen

musste, bevor ich in die Kirche ging. Ich frage mich gerade nur, was der Klüngelskerl wohl heute sagen würde, wenn er einen Drahtesel aus Holz sähe? Wie ich gestern.

Oh, ihr lieben Kappesköppe, das ist wirklich ein echtes Fahrrad für gut.

Aus Birke, Esche, Pappel, aus feinsten Bäumen geschält, nicht ganz billig und leicht wie eine Feder. Selbst wenn du auf der letzten Rille fährst, soll dich das edle Untendrunter davor schützen, dass du nicht auf dem Holzweg bist.

Auch mit Bambus kommt man jetzt in die Gänge, hörte ich – ganz ohne Flachs. Sie haben recht, das klingt jetzt schon sehr alternativ.
Irgendwie nach Müsli und Tofu in der Hirsepfanne oder latzhosentragenden Schwarmgeistern, die nur gewaltfrei gestrickte Pullover kaufen und ihren Kindern bei jedem winzigen Schnupfen eimerweise Globuli in den Rachen schmeißen.

Allerdings ist Holz nachhaltig, also, ich sag mal so: Wenn du damit in biologisch abbaubaren Klamotten zum Veganer deines Vertrauens radelst, bist du für immer auf der guten Seite zur Erhaltung unseres gestressten Gefildes.

Und kaum einer weiß doch, dass der selbst so stark bemühte Begriff der Nachhaltigkeit astrein aus dem Wald kommt. Irgend so ein neunmalkluger Oberförster hat nämlich vor fast dreihundert Jahren das sehr einfache Prinzip erkannt, dass nicht mehr Holz gefällt werden sollte als wieder nachwachsen kann. Jetzt wirklich?

Habe ich alles nicht gewusst, als ich auf meinem schlappen Schrott aus dem Pott saß. Der Klüngelskerl hatte ja nie was mit Holz.

Hörma Dämlack, hätte er mich gefragt, hast du noch alle Latten auf'm Zaun?

Ziemlich unten durch

Tiefeinsteiger sind kein Grund, aus dem Rahmen zu fallen

Ich hasste dieses blöde, herrenlose Damenrad. Es war giftgrün, fuhr sich wie ein störrischer Panzer und hatte hinten so ein kitschig gespanntes Netz über den Speichen, das aussah, als wäre es selbstgeklöppelt.

Jeden Morgen durfte ich es meiner damals noch weitaus besseren Hälfte aus dem Keller tragen. Keine Ahnung, warum man leicht wie eine Gazelle sagt. Wenn ich das schwere Ding keuchend die Stufen hochwuchtete, dachte ich eher an das große Tier mit dem Rüssel.

Na ja, die Sache ist längst erledigt. Sowohl die mit meiner ersten Frau als auch die mit der komischen Kiste. Manchmal glaube ich sogar, dass sie die ganzen Jahre als Scheidungsgrund zwischen uns stand.

Oft kam ich von wilden, heißen Ritten mit meinem Mountainbike aus den Bergen zurück, stand breitbeinig, schweratmend und aufreizend verdreckt in der Tür – und schon hieß es, völlig unbeeindruckt von meiner brünstigen Balz: Kannst du nicht mal auf mein Schätzchen steigen und ein Packet Windeln einkaufen fahren? Glauben Sie mir, ich war jedes Mal richtig bedient.

Das war so sexy wie ein Hackenporsche mit Rallyestreifen.

Bleibt ja nicht aus. Da willst du der Held sein und wirst erst mal um einen halben Meter tiefergelegt. Oh Mann, sagte ich mir, nicht mal ein Bein musst du heben, um auf den Sattel zu kommen. Das erinnerte mich schon sehr an die stolze Errungenschaft meiner Großmutter, die sich Türen in die Badewanne bauen ließ, um seitlich einzusteigen.

Ist es bei mir auch schon so weit? Wenn ich wirklich ehrlich bin, knackt es bei mir ja auch im öfter unangenehm hörbar. Aber ich rede mich immer fein damit raus, dass es die schlecht geölte Kette sei, und sich nicht eines meiner antiken Kniegelenke beschwert.

Nur gut, dass es Herrn Lemberg gibt. Er sagte so einen großartigen Satz, der jeden Kerl bei der Stange halten sollte. Er war mal Geschäftsführer des Zweirad-Industrieverbands und musste sicher solche Sätze sagen – weil er als Geschäftsführer des Zweirad-Industrieverbandes natürlich auch viele Zweiräder verkaufen wollte. Die Wahl der Rahmenform ließe nicht gleich auf das Geschlecht schließen, sprach er, und dann kamen diese Worte, die runtergehen wie ein kühles Bier am Feierabend:
Bei einem Tiefeinsteiger redet man nicht mehr von einem Damenrad. Danke, Herr Lemberg.

Jetzt sind wir Männer fein raus.

Sie wissen ja, noch am Anfang des Buches tönte ich geriatrischer Großkotz, dass ich mich niemals auf ein Ihhh-Bike setzen würde. Dass man nicht tiefer sinken könne als mit einem elektrisch betriebenen Mädchenhobel.

Aber jetzt entdecke ich schon oft einige tiefergelegte Drahtesel, die einfach nur praktisch sind: für die Stadt, für die Bandscheibe, für mein Ego. Gerade hörte ich sogar, man sage nicht mehr Damenrad – weil es jetzt Unisexrad hieße. Mehr geht doch nicht.

Zoff beim Zweirad

Auf dem Tandem will jeder vorne sitzen

Vor langer Zeit habe ich mal in einem netten Kaff gewohnt. Es lag nicht gerade am Arsch der Welt, aber man konnte ihn von da aus schon ganz gut sehen. Jedenfalls war es von so einer gemütlichen Spießigkeit, in der bewanste Männer vor ihrem Reihenhaus den Opel wuschen und im Feinripp ihre qualmenden Würstchen über der Holzkohle drehten.

Ich will jetzt nicht behaupten, damals war alles besser. Aber man konnte sein knarrendes Transistorradio noch in die Gemüsebeete stellen und bei der Bundesligakonferenz am Samstag rein geräuschtechnisch die Sau rauslassen.

Gern möchte ich behaupten, das generische Maskulinum durfte auf dicke Hose machen.

Wenn wir es mal so richtig krachen lassen wollten, wussten wir oft nicht, wo wir uns eine Kaltschale in die Figur gießen sollten, wie das im Rheinland heißt. Man muss dazu wissen, dass unser piefiges Nest fast auf den Meter genau zwischen Köln und Düsseldorf lag; zwei Städte, die bis heute in herzlichster Abneigung verbunden sind, ja, es herrschten oft schon kriegsähnliche Zeiten zwischen ihnen. Angeblich gab es früher nicht mal Straßenschilder, die auf die jeweilige Existenz des anderen hinwiesen.

Nur beim Trinken sind sich Köln und Düsseldorf völlig einig: Ihre Biere sind wirklich das Letzte. Weil sie traurige Plörren haben, die im Abgang jedes Menschenrecht verletzen; ob Kölsch oder Alt, es schmeckt hartnäckig nach Katzenpippi. Und erst dieser feuchte, komatöse Frohsinn, den sie Karneval nennen. Ruf mal vorm Kölner Dom *Helau* statt *Alaaf*, sofort werden dich die kecken Jecken mit Tonnen von Kamelle erschlagen.

Dann kam die Sache mit dem Tandem. Manni von nebenan schleppte eines Tages das lange Ungeheuer heran. Er guckte wie ein brunftiger Höhlenmensch, der gerade das Rad erfunden hatte, als er aus seiner vermüllten Garage heraus ins Morgenlicht blinzelte.

Nächtelang hatte darin sein Schweißgerät geblitzt, man hörte ihn hämmern, schrauben, sägen und fluchen, und jetzt stand endlich alles da: zwei Fahrräder nacheinander, zwei Sättel, zwei Tretlager und zwei Lenker. Ich muss schon sagen, er hatte große Arbeit geleistet.

Na, wie wie wär's, fragte Manni, als ich ergeben auf sein stolzes Werk glotzte, wollen wir? Natürlich durfte ich nur hinten sitzen, weil er der Chef vom Ganzen war und ich gefälligst ackern sollte mit den strammsten Waden der Nachbarschaft.

Also schlingerten wir ein paar schäbige Runden durch die Gegend, bis Manni plötzlich in sein geliebtes Düsseldorf wollte. Nur über meine Leiche, dachte ich, doch was tun, wenn du zwar einen Lenker, aber nichts zu lenken hast? Köln, japste ich, Köln, und dachte ernsthaft daran, Manni einen Schraubenzieher in seinen vor mir wackelnden Hintern zu rammen.

Ich versuchte, uns noch zum Stürzen zu bringen.

Aber Manni gab alles, bis wir irgendwann den Rhein erblickten.

Leider mit der falschen Stadt am Ufer.

Einige Tage später stahl ich Manni sein Tandem aus der Garage und zeigte ihm Köln. Ich fuhr vorn, natürlich, nur mein Sohn quengelte hinter mir, weil er seinen Papa gerade ziemlich blöd fand.

Ich ließ ihn bei seiner Meinung. Hauptsache vorne.

4. GANZ SCHÖN GESCHLAUCHT

Über unverbesserliche Sonntagsfahrer und pingelige Schallgesetze einer Radlaufglocke.
Oder aber über den freundlichen Wunsch eines radelnden Witzboldes, man möge ihn auf der Straße netterweise vorsichtig überfahren, weil er schließlich Organspender sei. Und wie wäre es mit Trinkflaschen, die angeblich reden können, und Seitenständer, die umwerfend komisch sind?

BRÜLL
RING

Echt sperrig

Schloss? Lieber das Schätzchen niemals aus den Augen lassen

Als kleiner Junge habe ich heimlich Krimis geguckt. Ganz stickum, wie wir im Ruhrpott sagen. Jedenfalls habe ich als früh-pubertierender Pimpf immer hinter einem schweren Vorhang gelegen, der unsere Küche vom Wohnzimmer trennte. Dort saßen meine Eltern im Gelsenkirchener Barock und knabberten genüsslich an den Käseigeln, während in ihrer knarzenden Glotze ein kreischendes Mädchen so lange vom bösen Onkel gewürgt wurde, bis es die Augen verdrehte und in die Themse fiel.

Mein Papa wusste genau, dass ich knapp hinter ihm das Verbrechen entdeckte. Aber er verriet mich nicht, sonst hätte ich ihn auch verpetzt. Er wollte nämlich aufhören zu rauchen, und ich wusste, dass er oft im Geräteschuppen knarzte.

Ich aber warf die rote Mütze vom Lokomotivführer weg und wollte Karneval nur noch als Polizist gehen. Tante Mimi schenkte mir eine Uniform und Plastikhandschellen, mit denen ich sofort meinen Kater Karlo verhaftete und andere bemitleidenswerte Kleinlebewesen, die nicht bei drei auf dem Baum waren.

Man kann sagen, bei uns im Garten herrschte plötzlich Recht und Ordnung. Mein Vater kriegte von mir gleich eine Anzeige wegen unerlaubten Rauchens verpasst. Dazu riss ich mir sogar ein paar weiße Seiten aus dem Poesiealbum heraus.

Gerade habe ich wieder ein paar Handschellen entdeckt, in meinem geliebten Fahrradladen. Ich glaubte meinen Augen nicht zu trauen. Doch da lagen sie, frisch eingetroffen aus Amerika, und sollen, sagte mein Händler, wirklich der letzte Schrei sein.

Ich fühlte mich gleich an meine kriminelle Kindheit erinnert und hätte fast zugeschlagen.

Sehr schick, kein Vergleich zu den Dingern von Tante Mimi. Das Schloss aus gehärtetem Stahl und Glieder, die nicht kippen können und jeden Bolzenschneider alt aussehen lassen. Sie passen nur knapp über die Rohre am Rahmen und die Stange des Geländers; da kann sich der dumme Dieb lange quälen, um sie auszuhebeln.

Komm, schlag zu, sagte Wolle, der Fahrradhändler meines Vertrauens. Na toll, wo denn?, fragte ich mich. Es gibt ja nichts, was es nicht gibt bei ihm.

Die Schlösser haben scheußlich sperrige Namen wie *Kryptonite, Evolution, Masterlock* oder *Gold Wearable*. Sie verfügen über Tubularzylinder (was immer das auch ist), sind in zartes Vinyl getaucht, damit bloß keine Kratzer bleiben, haben Parabolbügel und mehrlagige Kevlarkerne, die jeder Metallsäge den Schneid abkaufen.

Oh, Mann, wenn ich da an mein altes, treues Speichenschloss vom *VEB Kombinat Fortschritt* denke. Es besaß so einen um die Ecke gebogenen Schlüssel, den man erst nach gutem Zureden abziehen konnte. Außerdem war es so mickrig, dass es jeder gut ernährte Zweijährige nach einem ordentlichen Schluck Babybrei hätte umbiegen können.

Ich guckte. Ich staunte. Ich kaufte nichts.

Aber der Fahrradhändler meines Vertrauens wunderte sich nicht. Er weiß, dass ich ein unverbesserlicher Sonntagsfahrer bin. Einer, der seine Schätzchen nur bei schönem Wetter aus dem Speicher schleppt. Schon deshalb musste ich ihn enttäuschen.

Klar, ich wollte schon immer ein Schloss haben, in Südfrankreich oder so. Aber was zum Abschließen brauche ich nicht, weil ich meine kostbaren Kisten bei jedem Stück Kuchen gleich mit an den Tisch nehme.
Echte Liebe, eben.

Geklickt eingefädelt

Von einem erbärmlichen Abgang an der Ampel

Ich kleiner Schisser habe ja schon häufig erwähnt, dass ich Bottroper Stadtmeister im Skifahren war, und damit Sie es nur mal wissen: Das ist ungefähr so, als würde ein Eskimo vom Zehnmeterturm springen. Die gruselige Piste lag in Bödefeld im Sauerland und unterwegs hatte ich ganz schön Muffensausen, wie wir im Pott die Angst nennen.
Doch als meine Oma ein Bild von mir aus der Zeitung aufs Häkeldeckchen stellte, strahlte ich heller als die Sonne von ihrer kitschigen Blümchentapete. Oma hatte meine Karriere schließlich hautnah erlebt, als ich am Heiligen Abend auf dem Flokatiteppich die Puppe meiner Schwester mit den scharfen Kanten meiner Ski köpfte und auf der Autobahnbrücke Richtung Oberhausen zum Naturereignis wurde, weil ich mit zwei jämmerlich verdrehten Beinen im Schneepflug die Kurven kratzte.

Mein Kusselkopp ab in die Büsche war legendär.

Dann kam die Sache mit der Bindung. Also, nicht die mit meiner hübschen Ische Jutta, die ich gern auf mein Zimmer lockte, um sie mit dem stibitzten Rabattmarkenheft meiner Mutter zu beglücken. Ich war ihr heimlicher Held, und wenn sie Taschengeld bekam, klebte sie mir mit ihrer Zunge sehr verknallt ein Herz aus Salmiakpastillen auf die Hand.
Wir waren unzertrennlich, drei Wochen, mindestens.

Die Bindung, die ich meine, brachte mir bald den Ruf der größten Pistensau auf jedem Buckel der nordrheinwestfälischen Tiefebene ein. Es lief und wie; und Oma hatte in ihrer knarrenden Hütte kaum noch Platz für meine hässlich protzigen Pokale.
Ich hatte auch keine schlappe Schlaufe mehr, die mir an der Hacke baumelte, seit ich mir die ersten Bretter kurz nach dem Krieg aus den Bäumen geschnitzt hatte. Jetzt war da so ein klotziger Klotz vorne und ein klotziger Klotz hinten, ich wuchtete meine Stiefel rein; und schon war ich der Toni Sailer von

Bottrop-Batenbrock, weil ich plötzlich jede Kohlenhalde im Schuss nahm und der Schnee wie Schmierseife unter mir lag.

Oft denke ich an meine erste Bindung zurück, wenn ich heute in die Klickpedalen meines noblen Hobels steige. Das macht mich immer so herrlich wichtig, wenn die Leute auf der Straße hasenfüßig auseinanderstieben, nur weil ich mit keckem Klack meinen Tag im Sattel beginne.

Früher habe ich schon alles andere durchgemacht und meine oft widerspenstigen Quadratlatschen in menschenrechtsverletzende Stahlkörbchen gequetscht, bis ich wie dieser freche Franzose im Fernsehen auch Sieger bei der Tour de France werden wollte. Der hieß Bernard Hinault und hatte erstmalig seine Schuhe mit den Pedalen verhakt; ich weiß noch, die Kollegen Schleimspucker guckten vor vierzig Jahren schön dumm aus der Wäsche, als er sich grinsend ins Gelbe Trikot buckelte.
Na toll, das habe ich nun davon. Irgendwann später hatte ich mich nämlich auch geklickt eingefädelt; nur blöd, dass da mein antiker Körper schon lange überm absteigenden Ast kroch. Gar nicht so leicht, da unten wieder schnell genug rauszukommen, ja, echt knappe Kiste oft. Wenn du zwischen Kinderwagen, Hackenporsche und Einkaufstaschen mit Menschen dran nie so bummeln darfst, dass dich die Schwerkraft aus den Pedalen zwingt.
Neulich erst unterlief mir eine grobmotorische Dummheit. Ich hatte mich völlig verschätzt und kam nicht mehr dazu, mich am Ampelmast festzuhalten und legte einen erbärmlichen Abgang hin, gegen den jeder sterbende Schwan ein stolzer Vogel ist.

Ich rutschte, wie in Zeitlupe, mich am Mast klammernd auf den Boden.

Ein paar Fußgänger stiegen achtlos über mich hinweg, sie meckerten auch noch und nannten mich einen alten Rüpel. Ich murmelte ihnen leise *Klick dich* hinterher.

Wenn Schlingel klingeln

Wer zu laut ist, kriegt was auf die Glocken

Bei mir im Viertel lebt so ein lustiger Lulatsch. Ich glaube, der wäre von Beruf am liebsten festangestellter Witzbold geworden. Er baldowert immer neugierig herum, weiß alles, kann alles, und hat ständig einen, na ja, Scherz auf den Lippen. Kennt man doch, so eine aufdringliche, Scheiß gute Laune, die angeblich im Gyrus cinguli unseres Großhirns entsteht.

Echt nervig, kann ich Ihnen sagen.

Außerdem palavert er regelmäßig in der Lautstärke eines startenden Jumbojets, während ihm beim Gehen der Gürtel seiner Hose unter den Achseln klemmt. Gerade erst gestern machte er bei meinem Gemüsehändler wieder sehr dick auf selbige: Er fragte nämlich alle anwesenden Einkaufstaschen mit Menschen dran, warum Vegetarier kein Leitungswasser trinken.

Na? Weil es aus dem Hahn kommt.

Eigentlich hätte sein eigener Kürbis roter als jede Tomate im Laden werden müssen. Er heißt übrigens Jochen.

Ich kann ihn trotzdem leiden, irgendwie. Weil Jochen Fahrrad fährt und wirklich bei jedem Wetter hüftsteif im Sattel seiner Hollandgurke hockt; dabei trägt er meistens eine knatschgelbe Erste-Hilfe-Weste überm Hemd, auf dem er alle seine natürlichen Feinde mit vier Rädern freundlichst darauf hinweist, ihn bitte nur ganz vorsichtig zu überfahren, weil er Organspender ist. Jochen bleibt seinem Ruf hartnäckig gerecht, die übelsten Witze der Gegend zu machen, auch wenn er ausnahmsweise mal die Klappe hält.

HiHiHi

BRÜLL
RING

Auf dem Fahrrad hört man ihn schon lange, bevor sein desaströser Körper überhaupt zu sehen ist. Denn Jochen ist ein sehr eifriger Anwender der berühmt-berüchtigten Sturmklingel, die er mit einem lässigen Kopfdruck am Lenker wie einen Dynamo auf den Mantel seines Vorderrades kippen lässt; und damit eine schrille, fast knalltraumatische Geißel in den Ohren verursacht.

Als würde dir gleich ein Brüllaffe kurz vorm Stimmbruch entgegenkommen, dem man dauerhaft über den Schwanz fährt.

Wie ich Jochen jedes Mal beneide, wenn ich diesen wunderbaren Krach höre. Mehr geht auch nicht, um sich den Respekt auf dem Radweg zu verschaffen, den Jochen eigentlich gar nicht verdient. Ich rede ja gerade über eine wirklich gelungene Ruhestörung, die unsere klingelpingelige Straßenverkehrsordnung im Paragraf 64a über Schallzeicheneinrichtungen sprachlich geringschätzend als Radlaufglocke deklassiert und wegen groben Unfugs einfach so verbietet.

Jochen lässt das natürlich völlig kalt. Er knarzt und heult und kreischt sich weiter um die Häuser; und selbst als ihm die Polizei irgendwann einen bemerkenswert teuren Rüffel erteilte, weil ihr eigenes Tatütata nicht mal den longitudinalen Hauch einer Chance gegen seine Sturmklingel hatte, schraubte er sich seinen Mordsapparillo bald wieder an seine Rostlaube.

Zwischendurch probierte er aber ein paar andere, nette Krachmacher aus: Eine Kuhglocke, bei der du meinst, kurz vorm Aldi auf einer blühenden Almwiese zu stehen. Eine furchtbar quietschende Ente, bei der sich jeder paarungswillige Erpel sofort aus dem Staub machen würde. Und eine Schiffssirene, die so laut ist, dass sie die Titanic gebraucht hätte, um den Eisberg nur mit Schallwellen aus dem Weg zu räumen.

Danke, Jochen. Aber manchmal kommen einem selbst Scherzkekse wieder hoch.

Mehr als nur heiße Luft

Ohne eine gute Pumpe steht man auf dem Schlauch

Ich pfiff aus dem letzten Loch, als ich meinem Sohn das Prinzip der Luftpumpe erklärte. Wir hatten uns gerade erst über ein paar fiese Berge in der Schweiz gequält, die der freche Bengel einfach nur Hügel nannte. Jetzt saß ich bedenklich hechelnd vor einem Weißbier auf der Hütte kurz unterhalb der Schneegrenze und musste den klugen Erzeuger herauskehren.
Tat ich aber sehr gern.
Mein Sohn kannte das schon. Ich hatte ihm auf diese Weise über Jahre hinweg die Welt nähergebracht. Ja, ich darf mit allem väterlichen Stolz behaupten, dass er ohne mich nie etwas von der translunaren Injektion einer Mondrakete gehört hätte und auch nicht wüsste, wie man den Namen des usbekischen Präsidenten Shavkat Mirziyoyev fehlerfrei buchstabiert.
Ich finde, das gehört zum Allgemeinwissen.

Allerdings traf ich auf wenig Gegenliebe, man kennt das ja von dieser undankbaren Brut. Denn als wir da oben saßen und ich plötzlich bei der Luftpumpe mit irgendwelchen Weisheiten von Isaak Newton anfing, grinste er nur hämisch in seine eiskalte Cola hinein. Ich wusste, dass er mich heimlich *Papa Klugscheißer* rief. Nächstes Mal kriegt er Ziegenmilch, dachte ich nur.

Wie gesagt, wir fuhren mal eben über die Alpen.

Ein Traum, den wir beide schon lange träumten. Das heißt, mein Sohn fuhr und ich schob, wenn es zu steil wurde. Es war eigentlich immer steil. Manchmal spürte ich seine kleine Hand im Rücken. Wer seinen Vater liebt, der schiebt, sagte der nette Rotzlöffel, er nannte es betreutes Fahren; mir kamen dann fast die Tränen.
Es war ein wunderschönes Abenteuer zwischen Vater und Sohn, das ich nicht mehr missen möchte. Aber häufig

wünschte ich mir damals doch die Zeit herbei, als er zufrieden brabbelnd im Kindersitz meines Hollandrads hockte und mir glücklich an den Lippen klebte.
Wir hatten an alles gedacht. Schläuche, Kocher, Werkzeug, aber keiner von uns hatte eine zweite Luftpumpe eingesteckt. Und es kam, wie es kommen musste: Bei der holprigen Abfahrt verlor ich zuerst das Ding aus der Trikottasche, dann fing sich mein Hinterreifen einen scheußlichen Platten ein – genau in der Reihenfolge.
Irgendwie schaffte ich es noch auf der matschigen Felge bis ins nächste Dorf, das nicht wie die anderen Dörfer mehr Kühe als Menschen besaß. Wir kauften sämtliche Luftpumpen auf und quälten uns rauf zur nächsten Hütte.

Ich musste mein Versagen natürlich mit Wissen aufwiegen, so viel war klar. Es gab da oben ein gutes Netz, so konnte ich mal prima für kleine Journalisten verschwinden und mich auf dem Plumpsklo bei Wikipedia schlaumachen.

Als ich zurückkehrte, wusste ich einfach alles über Luftpumpen. Ich schwadronierte über das Boyle-Mariotte-Gesetz und die Regelung von Gasen. Ich berichtete mit ernster Miene, dass sich Schall nicht im Vakuum ausbreiten kann, und erzählte meinem offensichtlich sehr gelangweilten Colatrinker von Otto von Guericke, der 1649 nicht nur der Erfinder der Luftpumpe, sondern auch Bürgermeister von Magdeburg war.

Halleluja, ich kam langsam in Form – doch was sagte mein lieber Herr Sohn? Papa, Luft rein, Luft raus, dazwischen ein Kolben, so einfach ist das.
Spar dir lieber deine Puste, meinte er, du wirst sie brauchen.
Ich bestellte mir noch ein Bier, mein Sohn durfte probieren, wie es aus dem Euter einer Bergziege schmeckt.
Es wurde trotzdem noch eine sehr schöne Reise.

Heute ist mein Sohn Arzt und erklärt mir grinsend die respiratorische Partialinsuffizienz meiner Lunge, wenn ich mal wieder neben ihm keuche.
Woher er das nur hat?

Im Namen der Hose

Warum mir die Preise der Radklamotten auf den Senkel gehen

Ich erzähle ja immer gern von früher. Ist halt so bei älteren Herren, die schon lebten, als das Tote Meer noch krank war. Es gibt sogar, hörte ich, irgend so eine zwangsneurotische Erklärung dafür, die angeblich mit der Häufigkeit von Botenstoffen im Gehirn zu tun haben soll.
Bei mir kann der Grund allerdings nur die einigermaßen gelungene Kindheit sein; und meine liebevoll strenge Mutter natürlich, die nach einer besonders dreisten Frechheit ihres Knirpses sehr vernehmlich in der Küchenschublade raschelte. Dort lauerte so ein bekloppter Löffel, dessen hartes Holz ich genau ein einziges Mal zu spüren bekam.

Da hatte ich es aber auch echt verdient.

Meine Mutter brachte mir auch das Radfahren bei, was für sie keine große Geschichte war: Sie setzte mich auf so einen rostigen Metallhaufen, den man nur sehr wohlwollend als Fahrrad bezeichnen konnte. Dann schob sie mich an und rief mir in nicht allzu mütterlicher Sorge hinterher: Mach mal, Junge!

Und der Junge machte, bis er mit Stolz und blutigen Knien auf seinem Rad zurückwackelte. Helikoptereltern waren damals noch ganz weit weg. Keiner kreischte da in ständiger Sorge um dich herum und schob dir regelmäßig Avocado in den offenen Mund.

Es war noch die Zeit, in der man Kinder durch Fehler lernen ließ.

Danach kriegte mich keiner mehr aus dem Sattel. Ich radelte, bis ich einen roten Kopf bekam; ich verspeiste freihändig meine Wurststullen, und erst wenn bei uns in der Straße die Laternen angingen, ließ ich mich nur äußerst widerspenstig dazu herab, meine Beine zum Gehen zu überreden.

Die gute Frau Mama aber fand es wunderbar, mich den ganzen Tag aus den Füßen zu haben und schenkte mir die perfekte Kleidung für meine neue Leidenschaft: eine dreiviertellange Lederhose, die nicht nur ziemlich krachledern war, sondern mich bei jedem meiner vielen Stürze vor dem abrupten Ende einer späteren Familienplanung bewahrte.

Heute muss ich oft an meine geliebte und abgewetzte Lederhose denken. Wenn ich im Laden stehe, um mich altersgerecht und *windproof-and-water-resistant* für den hoffentlich nahenden Sommer einzukleiden.
Man will beim Buckeln schließlich nicht allzu stocksteif überm Lenker hängen. Eigentlich finde ich Einkaufen genauso unerfreulich wie einen Besuch beim Zahnarzt; aber hilft ja nix, wenn du auf epische Trails willst und die Natur gefälligst auf der Haut spüren sollst. Stand da zumindest gerade über dem Kleiderständer im Fahrradsachenfachgeschäft.

Aber während ich so gucke und staune und stöhne, kommt es mir fast vor, als würden nicht nur die Klamotten einen Haken haben. Alles ist so sündhaft teuer, als hätte man jedes stinknormale Leibchen und jede nullachtfünfzehn Trägerhose in einen Eimer mit flüssigem Gold getunkt.

Hallo, geht's noch? Reicht es nicht, dass im Supermarkt bereits eine Tüte Erdnüsse so viel kostet wie eine Dose Kaviar? Ganz schön gesalzen, ach was, gepfeffert.
Natürlich ist der textile Firlefanz bei Radfahrern nie richtig billig gewesen. Die meisten denken doch, man gönnt sich ja sonst nichts, weil sie oft Sachen kaufen, von denen sie vorher gar nicht wussten, dass man sie braucht.
Wie ich es jetzt sehe, wird es bald Radsocken geben, die so sehr nach Wucher riechen, als wären da ein paar Diamanten im Strumpf versteckt. Oder wie wäre es vielleicht mit Radschuhen, die man beim Kauf gleich in ein Aktienpaket packt?

Ich jedenfalls ging. Nur raus aus dem unverschämt teuren Laden. Ich weiß schon seit meiner Lederhose, was ausbüxen heißt.

Echt ne Packung

Was tun, wenn man einfach zu viel Gedöns hat?

Es war eher ein glücklicher Zufall, dass ich das Abitur bestand. Ich war nämlich ein sauschlechter Schüler; doch selbst diese Bezeichnung ist noch völlig untertrieben und wird meinem tatsächlichen Versagen überhaupt nicht gerecht. Allerdings hatte ich auch ein paar Pauker, die alles dafür taten, meinen miesen Ruf an der Penne regelmäßig zu bestätigen.

Na ja, ich stand sowieso ständig im didaktischen Scharmützel mit Friedhelm. Er war ein Rabauke, wie er im Buch steht, und bekam noch weniger Fleißkärtchen als ich. Friedhelm war mir bei den Fisimatenten weit überlegen, das muss ich wirklich zugeben. Er hatte Sachen drauf, die später richtig Schule machten. Einmal stellte er den offenen Kartenschrank so nah vor der Klassentür auf, dass die stets hastige Lehrkraft geradewegs in den Holzkasten stürmte und mit ihm krachend zu Boden fiel.

Unsterblich wurde er aber, als ihm unser Biologielehrer äußerst ungehalten *Friedhelm stört bei der Befruchtung* ins Klassenbuch schrieb. Irgendwann flog er von unserer heiteren Anstalt, während ich eine Hochschulreife erlangte, die den Namen eigentlich nicht verdiente.

Ich wollte Arzt werden, auch das noch; aber als mir die zentrale Vergabestelle für Studienplätze völlig humorlos eine Wartezeit von einhundertzwanzig Jahren errechnete, wich ich ziemlich eingeschnappt auf ein Fach aus, das mir das reinste Glück werden sollte: Sport.

Und was soll ich sagen? Die Sache lief, mein Leben machte endlich einen Sinn. Ich taumelte erst gegen Mittag schlaftrunken in den Hörsaal, bestand die Prüfungen mit links und verdiente meine Knete als Masseur, Skilehrer und Fitnesstrainer.

Bald stand ein süßes, kleines Auto vor der Tür, doch leider passte nicht viel rein in die heiß geliebte Nuckelpinne. Trotzdem schleppte ich immer was mit meiner kessen Kiste herum. Surfbretter, Zelte, Schlafsäcke, Skier, und ja, dann kam irgendwann meine große Liebe zum Fahrrad dazu, die natürlich auch viel Raum brauchte.

Am Anfang versuchte ich noch, den ganzen Krempel in mein tapferes Wägelchen zu quetschen. Doch als es sich später bis tief in die Stoßdämpfer quälte, und ich den Sitz so weit nach vorne schieben musste, dass ich die Windschutzscheibe küsste, wurde es Zeit für einen ordentlichen Fahrradträger.

Allerdings war es gar nicht so einfach, den richtigen Deckel für den Topf zu finden.

Ich fing erst mal mit dem Dach an und fuhr fröhlich nach Tirol. Dazu kaufte ich mir einen schicken Träger, der über Querstangen an den Türleisten befestigt war – und na klar, über allem thronte dann mein nigelnagelneues Mountainbike, mit dem ich das Stubaital heimsuchen wollte, vollgefedert, versteht sich. Ich sag mal so: Hätte sich meine Klitsche wirklich irgendwann durch den Straßengraben gekugelt, wäre es verdammt teuer geworden.

Wegen der Sachen obendrauf, nicht dem Auto untendrunter.

Später probierte ich fast alles aus, was so eine echte Packung zu bieten hatte. Meine Autos wuchsen zwar nicht mit dem ganzen Gedöns, das ich ständig in der Gegend spazieren fuhr; doch schon bald entdeckte ich die Heckklappe, an die klebte ich so lange alle Räder, bis ich vorne zwei Lastwagenspiegel brauchte, damit ich nicht völlig blind durch die Landschaft kurvte. Bei einem Auto, das angeblich jeder Popel fährt, gibt's seit Kurzem sogar eine Schublade, die man hinten unter der Stoßstange rauszieht, aus der sich dann ein Radträger entfaltet.

Echt praktisch, aber nicht ganz billig.
Nur gut, dass dieses Buch ein Bestseller wird.

Umwerfend komisch

Ständer, die nicht ständern, braucht kein Mensch

An anderer Stelle habe ich schon mal mit gewissem Stolz darauf hingewiesen, wie ich meine Schätzchen bis auf den Trockenboden unseres Hauses schleppe. Man muss dazu wissen, dass diese sauerstoffverarmte Höhe im fünften Stock für einen fortgeschrittenen Kerl wie mich ungefähr dem Basislager eines Achttausenders gleicht; nicht zu vergessen, dass ich gern Rücken habe und häufig zum Jammern neige.

Alt werden ist eben nichts für Feiglinge, rede ich mir dann ein und lächele gequält jedes Selbstmitleid weg.

Doch jetzt haben einige Kumpels auch noch sehr frech behauptet, ich hätte ein paar Kilos zu viel drauf. Einer von ihnen will bei mir sogar eine zarte Plauze entdeckt haben, er ist danach für die längste Zeit mein Freund gewesen.

Irgendwie wollte ich dann doch eine bessere Figur abgeben, meine Stufen in den Himmel sind schließlich die Hölle, und überhaupt: Kann ja nicht schaden, ein bisschen mehr weniger zu sein. Ich begann sofort, mich nur noch alle zwei Tage auf meine geliebte Currywurst zu stürzen und ließ einfach die Pommes auf der Mantaplatte weg. Stattdessen kaute ich oft völlig entseelt auf büschelweise grüner Wiese herum, die gesund sein sollte und wie schon mal gegessen schmeckte. Mein Stoffwechsel hat also mittlerweile sein Fett weggekriegt, doch bevor ich grammweise in eine fast hilflose Magerkeit verfiel, mussten nun auch meine verwöhnten Räder bei der gnadenlosen Gewichtsabnahme herhalten. Aber womit anfangen?

Dreck weg bringt ja nix, die alten, harten Riegel aus der Satteltasche auch nicht. Genauso irgendwo eine Schraube locker zu machen, die ich nicht brauche. Eines Tages kam mir beim Putzen eine glänzende Idee.

Ich schraubte den Seitenständer ab und wog ihn argwöhnisch in der Hand. Er wog fast eine Tonne. Dazu sollte man wissen, dass ich das blöde, schwere Teil regelmäßig brav spazieren gefahren bin. Schön am Rahmen montiert, wie es sich gehört.

Aber es hat dann doch einigermaßen lange gedauert, bis ich merkte, dass es auch ganz ohne geht. Meist krümme ich meinen antiken Körper ja nur durch die stürmischen Gegenden an der Elbe, um eine meiner wohlverdienten Pausen zu machen. Da auf der Strecke überall und äußerst hartnäckig die ökotrophologische Sünde eines Apfelkuchens mit viel Sahne lockt, habe ich mir angewöhnt, mein Rad bei Sturm lieber an den Zaun zu stellen. Weil das viel sicherer ist als so ein Ständer, und es beim Abgang überm windgepeitschten Deich bloß keine Kratzer bekommen soll. Nur wenn es mal nicht so bräsig bläst, stelle ich meinen Nobelhobel immer gern für alle sichtbar vor meine kultige Kaschemme. Und mache so eine Miene wie: Nur gucken, nicht anfassen.

Also, mal weggehört. Sollte es wirklich noch ein paar Profis unter den Lesern geben, die nicht völlig an meinem Sachverstand zweifeln: Ich hatte mir tatsächlich so ein – jeder Leibesübung spottendes – Ungetüm mit allem Drumherum angeschraubt und manchmal trotzdem umwerfende Geschichten damit erlebt. Allerdings blieb mir die dämliche Häme der grinsenden Nebenbuhler selten erspart.

Jetzt aber habe ich gerade einen guten Stand, was die neue Leichtigkeit des Seins angeht.

Ich habe mir nämlich für den Notfall, sollte ich wieder zum Angeben im Tischbereich neigen, so ein Ding gekauft, das leicht wie eine Feder ist: Einfach am Rahmen einhaken, fertig, parken, Kuchen essen und dann wieder weg.

Ein Ständer zum Abnehmen.
Leichter geht's doch nicht.

App aufs Rad

Jetzt wirklich? Eine Trinkflasche, die spricht?

Neulich durfte ich meinem jüngsten Sohn erklären, was eine Schreibmaschine ist. Ich kramte sichtlich erregt eine alte, würdevoll verstaubte Adler aus dem Speicher und zeigte ihm, wie man listig die Buchstaben umkreist und dann gnadenlos zustößt. Mein Vater hatte mir dieses chalkolithische Ungeheuer geschenkt – ja, man kann sagen, er ist schuld daran, dass ich nichts Richtiges gelernt habe und mich mit Texten wie diesem hier über Wasser halten muss.

Irgendwo lag noch ein heiteres, sehr frühes Werk von mir herum.

Darin stürmt Räuber Hablitzel grimmig in die Küche und droht meiner Mutter mit dem Kochlöffel, endlich mehr Taschengeld für mich rauszurücken. Als ich auch noch den Plattenspieler rausholte und eine kratzige Scheibe von Deep Purple auflegte, lief mein armes Kind brüllend davon.

Jetzt ist alles ganz anders, na klar. Über mir schwebt der meist wunderbare Segen unserer Technik; und wenn meine sehr eigensinnige Datenverarbeitungsanlage mal wieder spinnt, schrei ich verzweifelt nach meinem Sohn, der mich dann mit seinen wikipädischen Weisheiten über die elektrophysikalischen Vorgänge der Leiterbahnen langweilt.

Manchmal ruf ich auch nach Alexa, weil sie gefälligst meine Geschichte fertigmachen soll. Während ich noch schnell mit meinem heißgeliebten Bianchi die Geschäfte abklappere, um ein Farbband für die Adler aufzutreiben. Auf Alexa ist einfach kein Verlass; auf meine freche Brut sowieso nur, wenn es um eine deutliche Erhöhung des Taschengeldes geht. Keine Ahnung, woher die das haben.

Aber beim Rad bin ich voll in der Spur. Da geht's mit meinen neuen Apps gerade so richtig ab. Ja, man kann sagen, ich lasse nichts aus, um mich mit all meiner gerontologischen Wucht für immer in die Zukunft zu pimpen.

Letzte Woche habe ich mir eine Trinkflasche mit eingebautem Lautsprecher besorgt, mit der ich beim Bechern nicht nur den Wetterbericht, sondern auch *Smoke on the Water* hören kann. Außerdem überlege ich ernsthaft, mir ein Handy mit Wasserwaage zu kaufen, damit ich nicht ständig schief im Sattel sitze. So ein knackiges Schloss habe ich ja schon, das sich mit meinem flotten Funkfernsprecher öffnen lässt und durch einen sehr feinfühligen Händeabdrucksensor nur meine eigenen Langfinger an sich ranlässt.

Spätestens danach beschloss ich, dass die Sache Spaß macht.

Ich zog mir alles aufs Handy, was der Speicher so hergibt. Das *Foot-Fit* hilft mir jetzt, die Pedalen richtig einzustellen, mit dem *Kahaki Sprocket Tool* vermesse ich die Felge und Nabe wie nix und kann mir über ein lustiges Muster die genaue Speichenlänge ausrechnen lassen. Beim *Bicycle Gear Calculator* können selbst dreißig Gänge mein betagtes Hirn nicht mehr schlauchen; weil mir mein Telefon am Lenker zeigt, welche Übersetzung ich am besten für die Überwindung von schwindelerregenden Bordsteinen wählen sollte. Und mit dem *Bike 3D Configurator* werde ich mir bald mein virtuelles Traumrad an die Wand werfen – die *Augmented Reality* kann dabei selbst den kleinsten Seilzug simulieren.

Jetzt aber ab zum Bäcker. Ich kenne den Weg mit geschlossenen Augen. Doch ich glaube, ich nehme mal besser *Map My Ride*.
Sicher ist sicher.

5. GERN MAL AM RAD DREHEN

Die kleine Freiheit nehme ich mir: von Wünschen, die man wegen irdischer Endlichkeit niemals aufschieben sollte. Warum Torte unterwegs viel besser als Tofu schmeckt; oder weshalb die operante Konditionierung des behavioristischen Lernens gerade beim Radfahren appetitive Konsequenzen hat. Und ja, über den Weihnachtsmann, den alten Sack, der mir bis heute kein Bonanzarad bescherte.

Nicht reden, machen

Es gibt Dinge, die dürfen einfach nicht warten

Vor ein paar Jahren stand ich auf dem Kilimandscharo und sah über Afrika die Sonne aufgehen. Ich weiß selbst nicht, wie ich die fast sechs Kilometer in den Himmel geschafft habe, aber irgendwann hielt ich mich schnappatmend und völlig sauerstoffverarmt am Gipfelschild fest und würgte glücklich in die Wolken hinein.

Oben, und doch so weit unten.

Seitdem mein Wecker der irdischen Endlichkeit deutlich lauter tickt, war das mein größter Traum gewesen.

Ich wollte, ich musste diesen verdammten Berg hochklettern. Ein Freund, hörte ich, will bald zu Fuß nach Rom laufen, doch bei ihm vermute ich einfach nur knallharte Geschäftsinteressen, weil sein Laden Werbung für Heftpflaster macht. Ich bin da schon weitaus melancholischer veranlagt.

Jedenfalls nahm ich danach alles, was sich mir bot. Ich ließ das Leben in die Adern, wo ich nur konnte, und befand das Dasein als viel zu kurz, als dass irgendwelche Dinge aufgeschoben werden konnten, dir bei mir bereits zu lange unter der Großhirnrinde schlummerten.

Also fuhr ich mit meinem jungen, sehr jungen Sohn auf dem Mountainbike über die Alpen und setzte mich nicht nur dem Wind, sondern auch den höchst despektierlichen Schmähungen eines rotzfrechen Wesens aus, das ich noch als hilfloses Häuflein Mensch bei mir vorn am Lenker aus dem Kindersitz kannte.

An meinem Bett liegt ein Heft. Da schreibe ich rein, was ich noch gern machen möchte. Ja, ich schreibe, so richtig

auf Papier, die Älteren unter uns erinnern sich vielleicht. Ich schreibe Träume auf, ich lese sie mir vorm Schlafen sehnsüchtig vor und hoffe, dass in der Nacht noch ein paar dazukommen.

Die Liste ist mittlerweile ganz ordentlich – ich glaube, rein rechnerisch müsste ich so um die zweihundertsiebzig Jahre alt werden, um mir genügend Zeit für meine kleinen Abenteuer zu nehmen.

Noch mal im Handstand auf den Kahlen Asten im Hochsauerland, steht da. Oder mit einer alten Gazelle durch die Wüste Gobi, nachdem ich mit dem Dreirad über die Hängebrücke von Sátoraljaújhely geschlingert bin. Na ja, manchmal sind Träume eben dafür da, nur geträumt zu werden.

Spätestens jetzt muss ich mal wieder den Müller erwähnen. Ich nenne ihn Müller, einfach nur Müller. Jeder nennt ihn so. Klingt streng, zartseitig und disponiert; aber passt zu ihm wie Arsch auf Eimer.

Er hat mir jedenfalls erlaubt, Ihnen mitzuteilen, dass er so ähnlich denkt wie ich, und deshalb ist er neulich mal eben übers Wochenende von Hamburg in seine alte Heimat Hückeswagen ins Bergische Land gestrampelt.

Er wollte es seit zwanzig Jahren und war froh, als er es endlich gemacht hatte. Als fiele ihm eine große Last von der Seele; glauben Sie mir, ich kenne das nur zu gut.

Danach radelte er in den Norden, so weit wie er kam. Er kam bis Skagen im Norden von Dänemark, stieß dort schleimspuckend ans Meer.

Ließ ein paar Sekunden Glück zu, dann ging es sofort zurück.

Eintausendzweihundert Kilometer, in vier Tagen. Danke, Müller, manche Träume gehen mir dann doch zu weit.

Achter Maul und Zwölfer Knochen

Von wegen kaputt und gleich weg: ein Loblied auf den Schrauber

Mein Onkel Fritz war noch ein echter Kerl. Meist lag er vor seiner Garage in Bottrop unter irgendwelchen armseligen Schrottkisten, die er Auto nannte, und weil er so eine kokette Wampe hatte, war ich immer besorgt, dass er sich für den Rest seiner Tage unter der Ölwanne verklemmte.

Oft fuhr ich nach der Schule zu ihm hin. Wenn ich eine Schraube locker hatte und das Schutzblech schepperte oder die ätzende Acht am Hinterrad bis in den Sattel rüttelte.

Dabei waren Fahrräder eigentlich unter der Würde von Onkel Fritz, er rümpfte die Nase, wenn er mit spöttischer Flappe fast angewidert an ihnen herumschraubte; ich glaube, es lag daran, dass er mal nach einer einigermaßen wilden Zechtour mit seinem alten Klepper kapaftig auf dem Acker landete, als er sich so richtig einen genehmigt hatte. Weißte, Junge, sagte er, du brauchst vier Räder unterm Hintern; und weil er gerade wieder einen Säuferbalken im Führerschein hatte, schenkte er mir zu meinem erstaunlicherweise bestandenen Abitur eine trostlose Nuckelpinne, die bloß noch der Rost zusammenhielt.
Ich küsste Onkel Fritz glückselig auf die Glatze, weil ich gerade damit angefangen hatte, früh am Morgen – oder besser mitten in der Nacht – mehrere Tonnen unseres Bottroper Käseblattes auszutragen. Also rein mit dem Zeugs und ab durch die Walachei, dachte ich, und die ganze Sache ist erledigt, bevor sich die Sonne blicken lässt.

Aber von wegen. Erst schlitzte ich den Auspuff an der Bordsteinkante auf und röhrte meine Kundschaft aus dem Schlaf, dann meinte die Kupplung unbedingt verrecken zu müssen. Ich fackelte nicht lange, holte die Gazelle meiner Mutter aus dem Stall, Wäschekorb hinten drauf – und haste nicht gesehen, war alles weg.

Onkel Fritz hatte verstanden und sagte kein blödes Wort mehr über meine geliebten Fahrräder.

Stattdessen durfte ich jetzt kommen, wann ich wollte, und wenn ich länger bei ihm war, lernte ich, warmes Bier aus der Pulle zu schätzen und hörte mich manchmal wie einen Handwerker reden. Onkel Fritz und ich verstanden uns blind, wenn wir uns beim Reparieren meines pummligen, aber heißgeliebten Stahlesels *Achter Maul, Zwölfer Knochen, Nippel* oder *Spanner* zuriefen.
Plötzlich hatte ich keine linken Hände mehr, sie griffen, drehten und packten sattelfest zu, und nur einmal noch blitzte mein chronischer Dilettantismus auf, als mir Onkel Fritz neben dem Tretlager liegend schwerschnaufend *Schlitz* zuraunte, und ich ihm mit antwortete, sofort das Flickzeug zu holen.

Natürlich meinte er seinen Schraubenzieher, er hatte einen goldenen Griff.

Bis heute muss ich oft an Onkel Fritz denken. Wenn die Kette reißt, und mir der Postbote am nächsten Tag ein Päckchen vor die Haustür stellt; weil es so einfach ist, sich eine neue in den digitalen Warenkorb zu legen.
Ha, Onkel Fritz hätte mir da bei einem guten Pils echt was erzählt und mal eben ein altes Kettenschloss eingebaut.
Er hasste diese Welt, die nur hastig ist und wortlos wegschmeißt. Er konnte noch meisterhaft schweißen und dir den Fuchsschwanz an den Gepäckträger deines Drahtesels löten.
Nix kaputt und gleich weg und neu. Nein, machet selbst, sagte er immer, und bei jedem Paket von Señor Bezos sitzt mir mein Onkel Fritz drohend im Nacken. Schraub, Junge, schraub, höre ich ihn dann flüstern.
Als er starb, war ich sehr traurig und hätte ihm am liebsten voller Achtung den goldenen Schraubenzieher in die Erde seines Grabs gesteckt.

Bloß nicht ins Gras beißen

Unterwegs darf man sich auch mal deftig belohnen

Angeblich soll es Leute geben, die sich nur so zum Spaß in den Sattel setzen. Das mache ich natürlich auch, ich fahre ja sehr gern; aber eigentlich fahre ich noch viel gerner, wenn ich mich dafür auch volle Pulle belohnen kann. Irgendein schlauer Seelenklemptner hat das mal, glaube ich, die operante Konditionierung des behavioristischen Lernens genannt, bei dem die Häufigkeit des Verhaltens durch die appetitiven Konsequenzen nachhaltig verändert wird. Ja, genau. Da bin ich ganz seiner Meinung.

Mir läuft bereits das Wasser im Mund zusammen, wenn ich meinen Gaul aus dem Keller hole. Weil ich weiß, wo auf der Strecke die besten Pommesbuden lauern und das größte Schnitzel überm Teller hängt.

Mit dieser wunderbaren Vorfreude lässt es sich vorzüglich strampeln, da ertrage ich sogar die erbärmliche Ernährung für den kleinen Hunger zwischendurch. Ich empfinde es nämlich immer als eine grauenhafte Beleidigung für meinen verzärtelten Magen-Darm-Trakt, wenn ich fürchterlich klebrige Eiweißriegel mit der Geschmackrichtung *völlig ungenießbar* herunterschlucke und sie mit der warmen Plörre aus meiner Trinkflasche nachspüle.

Aber was tut man nicht alles, damit der antike Astralkörper nicht unterzuckert und den Geist aufgibt?

Jedenfalls war er neulich eher sauer auf mich. Da saß ich nach einer schönen, langen Fahrt ins Grüne vor einem großen Teller Wiese. Meine weitaus bessere Hälfte hatte mich zu einem angesagten Veganer überredet.
Aber als mir der merkwürdig dampfende Kompost vor die Nase gestellt wurde, schmeckte er leider noch schlechter, als er ohnehin schon aussah.

Ich glotzte stumm auf das, was sich Essen nannte, und träumte mir meine heißgeliebte Currywurst herbei.

Das hier hieß gewaltfrei gepflückte Kichererbsen mit handgestreicheltem Blumenkohl im frisch gemachten Artischockenbett – oder so ähnlich.

Da hätte ich auch unterwegs ein paar satte Felder rupfen und sie anschließend über kochendes Wasser halten können. Später biss ich angewidert in einen Burger ohne Fleisch; das ist ungefähr so, als wäre Weihnachten, und ich kriegte keine Geschenke.

Meine Frau sprach den ganzen Abend nicht mehr mit mir. Auch gut, da konnte ich mir wenigstens in aller Ruhe die letzten hartnäckigen Äste aus den dritten Zähnen ziehen und erst mal anständig unseren Kühlschrank plündern. Zitternd hockte ich vor seiner offenen Tür und schmierte mir ein turmhohes, schiefes Butterbrot, das mein appetitives Verhalten jedenfalls nicht nachhaltig veränderte. Leber-

käse, Zwiebeln, Tomaten, süßer Senf, dann schob ich mir noch statt Tofu ein Stück Torte rein.

Ich belohnte mich mit allem, was ich so fand, danach war mir allerdings nachhaltig schlecht. Ich trank noch ein kühles Weizenbier.

Oh ja, so will ich es nach dem Radfahren haben.

Gestern bekam ich einen Anruf aus Dortmund. Dort gibt es seit einiger Zeit eine Selbsthilfefahrradwerkstatt, in der auch so eine tieftraurige Biopampe gekocht wird. Die Leute sind da echt gut drauf und machen alles richtig, weil sie Menschen mit wenig Geld helfen. Aber muss es denn wirklich jeden Mittwoch eine vegane Schnibbelparty für Mitesser geben?

Mitesser, wie dermatologisch das schon klingt.

Mein Magen drehte sich fast auf links, als er davon hörte, und weil ich ihn beruhigen wollte, gönnte ich ihm sofort eine wunderbare Mantaplatte. Pommes, rotweiß, mit Currywurst.

Wirf Hirn vom Himmel

Wie künstlich die Intelligenz beim Radfahren ist

Ich war bereits als kleiner Junge ein großes Genie, aber irgendwie bekamen das meine Lehrer nicht mit. Herr Habermüller aus Bottrop hatte da besondere Verdienste, meine Höchstbegabung bei den Deutschaufsätzen verächtlich unter den Klassentisch fallen zu lassen. Wo hast du das bloß abgeschrieben, rief er ständig, wenn ich ihm mal wieder bei der Textanalyse ein linguistisches Meisterwerk über Goethes Faust und andere schwere Schinken ablieferte.

Nobelpreis, mindestens. Aber was blaffte Herr Habermüller? Schophaus, fünf, setzen! Ich hätte ihn umbringen können.

Glauben Sie mir, so ein Leben ist nicht immer einfach, wenn dich dein üppiger Geist auf Schritt und Tritt verfolgt. Jeder erwartet irgendwas Großartiges von dir, einen neuen Impfstoff, den nächsten Bestseller oder die Erfindung eines Fahrrads, das auf Befehle hört.

Leider las ich, dass es so was schon gibt.

So ein blitzgescheiter Nebenbuhler mit dem putzigen Namen Pim van der Feltz hat nämlich ein selbstdenkendes Hollandrad konstruiert, das dich angeblich vor der Kneipe abholen soll, wenn du es übers Handy rufst.

Angeblich, sagt Pim, mache es alles von ganz allein – auf dem Lenker sei sogar Platz für den Laptop, wenn dich beim Fahren die Langeweile überkommt. Lieber Gott, wirf Hirn vom Himmel, dachte ich.

Dieser straßenverkehrstechnische Blödsinn heißt auch noch künstliche Intelligenz und ist für mich nur peinlich dumm. Weil uns Menschen irgend so eine drollige, latent-semantische Analyse im Computer das Denken abnimmt. Kennt man ja auch von Autos, die neuerdings gern mal völlig freihändig um die Ecke kommen. *Google Brain* nennen die das.

Oh Mann, das ist zu viel für mich kluge Koryphäe.

Neulich erst hörte ich, dass man sogar dem ollen, tauben Beethoven *post mortem* zur zehnten Sinfonie verhelfen will, die er nicht mehr schaffte, weil ihn vorher der viele Schnaps herniederraffte. Jetzt sollen es neuronale Netzwerke richten statt Tintenfass und Federkeil. Ein Algorithmus, bei dem jeder mitmuss? Mehr Taktgefühl wäre auch nicht schlecht.

Und überhaupt, was uns Radfahrer angeht: Da sollten wir lieber öfter an der eigenen Intelligenz arbeiten, bevor man sich auf irgendwelche rechnerbasierten Entscheidungsstrukturen verlässt. Für manche gilt es doch schon als neunmalschlau, bei hartnäckigen Pflastersteinen aus dem Sattel zu gehen, wenn man vielleicht noch eine Familie gründen will.

Oder diese, mit Verlaub, fast hirnlosen Rüpelradler, die beim Springen jede lauernde Bordsteinkante so lange zur freien Entfaltung ihrer grobmotorischen Eigenschaften nutzen, bis sie Hühnerbrühe mit der Schnabeltasse durch den kaputten Kiefer schlürfen.

Neulich träumte ich, dass mir mein Fahrrad nicht gehorcht. Ich lenkte es nach rechts, es kippte nach links. Ich wollte auf den Radweg, aber es drängte mich mitten auf die Straße; und als ich es wütend beschimpfte, lachte es mich nur dreckig aus. Die Stimme klang blechern, ziemlich kaltblütig, wie ein heiserer Roboter, dem alles egal ist.

Plötzlich sah ich einen schweren Lastwagen, ich bremste, aber nichts geschah. Dann stürzte ich, die Reifen kamen näher, ich schrie und wachte schweißgebadet auf.

Jetzt wusste ich, was intelligent wäre, ja, klüger als alles andere zuvor. Ein künstliches Hirn, das Unfälle vermeidet und bloß den Spaß am Fahren stärkt.

Ist doch geschenkt

Weihnachten darf auch mal das Fest der Triebe sein

Als ich ein kleiner Junge war, wollte ich meine Eltern von der Polizei ins Gefängnis werfen lassen. Also ging ich kurz vor Weihnachten zu Herrn Hübbertz. Er war unser Dorfsheriff, wir nannten ihn so, weil er oft breitbeinig wie ein Cowboy durch Bottrop stiefelte; manchmal saß er sogar auf einem Pferd.

Herr Hübbertz hatte ein mildes Lächeln und eine freundliche Wampe und besaß um die Ecke ein Büro, in dem ein Bild von John Wayne neben dem des Bundespräsidenten hing. Er kümmerte sich einfach um alles in unserem Stadtteil Fuhlenbrock; egal, ob ein depressives Meerschweinchen aus seinem Laufrad entschwunden war oder ein paar Halbstarke den Schalldämpfer von ihrem Moped abgeschraubt hatten.

Er hatte die Lage im Griff, so viel war klar. Da konnte er sich gefälligst ja auch mal mit einem besonders schweren Fall von Kindesmisshandlung beschäftigen, dachte ich, als ich ihm meine bunt bemalte Anzeige auf den Schreibtisch legte. Ich weiß noch, wie darauf das Strichgesicht meines Vaters hinter Gitterstäben hervorlugte. Mir reichte es.

Nicht genug, dass ich jedes Jahr meinen Onkel Fritz als Nikolaus ertragen musste, den stets sein übler Schnapsgeruch entlarvte, während er uns Gören die präpubertären Sünden aus seinem goldenen Buch vorlas. Viel schlimmer war, dass ich nie das kriegte, was ich mir seit zwei, drei, ach was, seit gefühlten hundert Weihnachten so sehnlichst wünschte: ein superschickes, obercooles Bonanzarad.

Friedhelm hatte eins, Ede hatte eins und selbst Männlein Sass, dieses schmächtige Häuflein Mensch, das kaum über den riesigen Geweihlenker gucken konnte. Und ich?

Verdammt noch mal, rief ich und schaute in die Wolken, wenn es da oben wirklich einen bärtigen, alten Mann auf dem Schlitten gibt, leg mir bitte so ein Rad unter den Baum. Mit Sturmklingel, Fuchsschwanz und einem Schaltpult am Oberrohr, das einen Gangknüppel wie beim Auto hat.

Ich hasste meine Eltern umso mehr, je näher diese schöne, angeblich besinnliche Zeit der Zimtsterne kam. Herr Hübbertz tat leider auch nichts.
Als ich nach Hause schlich, lief meine Mutter noch frei herum, schmierte mir eine Leberwurststulle und schickte mich kaltblütig ins Bett.

Immer wenn dieses Fest der Triebe wieder vor der Tür steht, muss ich an früher denken. Wie einfach ist es doch geworden, sich seine Wünsche zu erfüllen, wenn du monetär nicht gerade auf dem Schlauch stehst.

Du klickst auf irgendeine Seite und kannst Dinge kriegen, von denen du gar nicht wusstest, dass du sie wolltest: Radschlösser mit Alarmanlage, die du über das Smartphone steuern kannst. Presslufthupen, Bremslichter und Helme, die dich über eingebaute Kameras warnen, wenn ein Auto aus dem toten Winkel auftaucht.

Ich glaube, heute nennt man den Schnickschnack auf neudeutsch Gadget.

Ich bekam niemals ein Bonanzarad und wurde von meinen skrupellosen Eltern gezwungen, mich über die Autorennbahn *Nürburgring* oder dämliche Dampfmaschinen zu freuen. Schöne Bescherung, sag ich nur.

Gerade habe ich einen Hersteller in Dortmund gefunden, der meinen alten Traum wieder baut. Ich bestelle ihn mir jetzt einfach selbst – ist doch geschenkt. Meine Söhne werden sich freuen.

Schöne Bescherung

Viel Kies für ein Rad, das auch auf Schotter fährt

Vor ein paar Monaten war es wieder so weit. Ich sitze kurzbehost in meiner Stammkneipe und kippe andächtig einen Humpen Bier runter, da kommt plötzlich mein bester Freund um die Ecke. Ich freue mich immer, wenn ich ihn sehe. Solange er artig mittrinkt und meinen vorzüglichen Sachverstand im Fußball bewundert.

Aber wenn er im frühen Spätsommer an seinem ersten Spekulatius von Aldi mümmelt und mich fragt, was ich eigentlich Weihnachten mache, lasse ich ihn gern eiskalt stehen.

Ich habe ihm schon so oft gesagt, dass ich mich nicht damit befassen will, wer Mutter nimmt und so, während draußen noch die Badelatschen klappern. Ha, meint er dann, et kütt wie et kütt. Man muss dazu wissen, er kommt aus dem tiefsten Rheinland und hat bereits erfolglos versucht, in Hamburg den Karneval einzuführen. Da sollen die Ketzer wenigstens zeitig an den Weihnachtsmann denken.

Na toll, nach dem dritten Bier hatte er mich dann doch so weit. Ich stieg auf den Speicher, zählte meine sehr zahlreichen Fahrräder durch und war danach schlagartig der Meinung, dass ich dringend ein neues Gefährt brauchen könnte. Man weiß ja nie.

Aber gar nicht so einfach. Wenn man bei der zweirädrigen Lokomotorik mit voller Absicht gewisse Ansprüche pflegt und niemals in einen Baumarkt gehen würde, um so einem erbärmlich klapprigen Drahtesel aus der Schraubenabteilung die ersehnte Freiheit zu schenken. Ich habe ja gerade erst erwähnt, dass ich mir noch heute so ein superschickes, obercooles Bonanzarad wünsche.

Es wird Zeit, dass ich mich mit meiner schweren Kindheit bald mal auf die Couch lege.

Doch zuerst zu Wolle, meinem Fahrradhändler. Seit Wolle mein Fahrradhändler ist, kann er sich eine schöne Finca auf Mallorca leisten, weil er mir fast jedes neue schmucke Schätzchen aufgeschwatzt hat, das er sich ins Schaufenster stellte. Jetzt hat er mich fast ruiniert und ich muss ständig Kolumnen schreiben, um regelmäßig seinen Laden zu räumen.

Gerade schwanke ich, ohne umzufallen, zwischen einem *Rose Pro SL, Scott Speedster 10, Santa Cruz Nomad CC X01, Pivot Firebird, Unno Burn Dirt und Specialized Sequoia mit verbauter SRAM-Apex-Gruppe.*

Wolle rät mir großzügig zum Gravelbike. Fahr ich auf Mallorca, sagt er, musst du haben, sagt er, besser geht's nicht, sagt er. Gravel heißt zwar Schotter, grient er, aber ich lass es dir billiger. Soll ein Witz sein, hieß es dann, aber irgendwie lachte er gar nicht.

Egal, ich wollte die Kieskiste unbedingt haben.

Jetzt, gleich, sofort, und legte sie mir eine kleine Ewigkeit später unter den Tannenbaum.

Mein bester Freund bekam dieses Jahr nichts von mir.

Schrille Nacht, eilige Nacht

Wie ich verhinderte, dass der Weihnachtsmann für immer in den Sack haut

Neulich rief mich der Weihnachtsmann an. Er klang ziemlich fertig mit der Welt, ich glaube, er hatte Rücken. Kein Wunder, klagte er, ich werde ja auch nicht jünger, und im teuflisch schlechten Dienstleistungsgewerbe schreit gerade alles echt zum Himmel.
Er war so was von schlecht drauf; ich dachte schon, er haut für immer in den Sack und schenkt uns am Heiligen Abend so richtig einen ein.

Ich wollte schon auflegen, aber er war schließlich der Weihnachtsmann.

Wir redeten also noch ein wenig über Gott und die Welt,bis er mit dem wahren Grund seines tollpatschigen Wortschwalls herausrückte. Es ging um seine Rentiere, die mit dem guten Mann bereits seit schönen Ewigkeiten Schlitten fahren. Da hatte ihn doch so ein blöder, nichtsnutziger Wissenschaftler aus Norwegen, der als Kind bestimmt mal unterm leeren Baum gehockt hat, wirklich zu einem umweltsündigen Haderlumpen erklärt.

Ehrlich, da hätte ich vorn an den Zügeln auf der Wolke auch keinen Bock mehr gehabt.

Die Sache war nämlich so: Dieser sündige Ketzer hat dem Weihnachtmann auf seinen alten Tagen doch wirklich den ökologischen Fußabdruck vorgerechnet. Weil, klagte der Typ aus Tromsø, die neun wiederkäuenden Rentiere insgesamt siebzigtausend Tonnen Methan in den Himmel schleudern würden, wenn sie in vierundzwanzig Stunden und elftausendfacher Schallgeschwindigkeit zweihundert Millionen Kilometer zurücklegen würden, um alle Kinder glücklich zu machen.

Er rechnete sogar das Gewicht des Schlittens aus, es lag bei schlappen dreihunderttausend Tonnen Gewicht – und wenn es wirklich stimmte, dass ...
... ich schreckte auf, als der Wecker klingelte. Gut, der Weihnachtsmann hatte jetzt nicht an der nächtlichen Strippe gehangen, aber der Rest stimmte wie der Esel an der Krippe. Ich stürzte mich gleich ins Netz, und ja, da standen die Zahlen, rot auf weiß, ho, ho, ho. Der gute, alte Mann als umweltsäuischer Klimakiller, sechszehn Millionen Tonnen *Zäh Oh Zwei* an nur einem Tag – das konnte ich so nicht stehen lassen und wusste gleich, was ich zu tun hatte.

Ich schrieb ihm einen Brief an den Nordpol, handschriftlich, zitternd, auf WhatsApp konnte ich ihn leider nicht finden. Sicher hat er Angst vorm Enkeltrick.

Lieber Weihnachtsmann, schleimte ich, wie schön, dass du gerade meine Pakete packst. Aber wie sie dich da gerade runtermachen, weil deine Rentiere angeblich die Welt verschmutzen, geht auf keine Kuhhaut. Also, ich glaube weiter an dich, aber bevor du irgendwann mit leerem Schlitten dastehst, hätte ich eine Idee: Lass dir doch von deinen Wichteln in Grönland ein Lastenrad zimmern. Und wenn sie schon dabei sind, am besten eines mit Elektroantrieb. Du hast ja schon ein paar hundert Jahre auf dem Buckel, und außerdem schmeichelt das der Umwelt. Von wegen zu viel Kohlenstoffdioxid. Da kann dir keiner mehr was, es sei denn, dass dir nach deinem letzten Glühwein unterm Rauschebart ein Rülpser entfährt. Und wenn du schon mal dabei bist, ich hätte auch gern eins. So ein schickes für den Sport. Hab gerade nachgefragt, ich war ziemlich brav das ganze Jahr.
Danke im Voraus, dein artiger Michael.

Dann frankierte ich den Brief mit alten Rabattmarken
und schickte ihn an Santa Claus, Nordpolen,
Julemandens Postkontor, DK-3900 Nuuk.
Mit der Luftpost, versteht sich.
Wird langsam Zeit, dass Weihnachten wird.

EPILOG

Mit Mutti auf dem Sofa

*Es war mal leichter, ein **Held** zu sein*

Solange meine gute, alte Mutter noch lebte, war das ganz einfach mit den Helden. Sie folgte nämlich einem sehr einfachen Prinzip: Ein Held ist nur ein Held, solange sie nicht vorm Fernseher einschlief.

Nur wenn sie wach blieb, taugen sie was im Sport. Dazu muss man wissen, dass sie weit über neunzig wurde und lange Zeit bei gestreckten Beinen eine Streichholzschachtel mit dem Mund vom Boden aufheben konnte; bevor sie eine künstliche Hüfte bekam.

Sie scheuchte Boris Becker über den Rasen von Wimbledon, kämpfte sich mit Henry Maske durch die Nacht und rief Miroslav Klose in ihre Flimmerkiste überm Häkeldeckchen zu, wo er gefälligst hinzuschießen hatte.

Jeden Sommer quälte sie sich mit Jan Ullrich die Berge von Alpe d'Huez oder sonst wo hinauf.

Von ihr stammen auch die Sprüche, die Geschichte schrieben und fälschlicherweise anderen Sportgrößen zugesprochen wurden; Sätze wie *Ich bin sehr selbstkritisch, auch mir gegenüber*; oder *Fußball ist wie Schach, nur ohne Würfel*. Von der geografisch nicht sehr bewanderten Behauptung *Mailand oder Madrid, Hauptsache Italien* ganz zu schweigen.

Das alles sprach meine liebe Mutter; und es war alles andere als Phraseologismus, kann ich Ihnen sagen. Aber noch wahrer ist: Auf ihre letzten Jahre pofte sie immer öfter auf dem Sofa ein, weil ihre Helden weg waren, auch und ganz besonders die bei der Tour de France.

Mir geht es heute eigentlich genauso. Wie oft habe ich früher in meiner Radlerhose vor der Glotze gesessen. Oder volle Pulle den Ton aufgedreht, in die verdammte, süchtig machende Chipstüte gegriffen und meinem Helden am Mikrofon zugehört.

Er hieß Watterott, Herbert Watterott. Zu Recht reimte er sich auf Gott.

Über vierzig Jahre lang berichtete er von der rummeligen Rundfahrt durch Frankreich, er wusste einfach alles über die Strecke. Kannte in jedem Kaff die Kirchen, sämtliche Verwandtschaftsverhältnisse der Schafe auf der Weide und den Namen der Bürgermeister; außerdem hatte sich jede scharfe Kurve bis in seine Großhirnrinde eingeprägt.

Ich liebte seine Geschichten, sie schlichen sich in unser Wohnzimmer. Doping war da noch ganz weit weg. Während ich mir mein nächstes Bier aufmachte.

Da war zum Beispiel Monsieur Henri Cornet, dem schlimme Neider Schlafmittel ins Mittagessen mischten. Er stürzte schwer, aber gewann trotzdem. Es gab abgrundtiefe Nächte, in denen Rahmen angesägt wurden, und Zuschauer, die heimlich Nägel auf den Weg und Juckpulver in die Rücken unbeliebter Fahrer streuten. Oder Abdelkader Zaaf, der sich statt Wasser eine gute Flasche Weißwein gönnte, unter einem Baum den Rausch ausschlief und später fröhlich in die verkehrte Richtung weiterfuhr.

Einem Kollegen gratulierte man sogar herzlichst zur Schwangerschaft, weil er eine gefälschte Urinprobe abgab; und der arme Ottavio Bottecchia wurde von einem Stein am Kopf getötet, der ein Bauer auf ihn warf, als er ihn beim Naschen seiner Weintrauben erwischte.

Das alles wusste Herr Watterott und noch viel mehr, und wir beide konnten zusammen mit meiner Mutter auch erleben, wie Greg LeMond nach über dreitausend Kilometern in Paris das Rennen mit nur acht Sekunden Vorsprung gewann. Es war der knappste Sieg aller Zeiten.

Ich glaube, mein Held Herbert litt später wie ein Hund, als die Tour, seine Tour, im Sumpf des Dopings steckenblieb. Wie meine Mutter übrigens auch. Sie guckte zwar noch Lance Armstrong, den fand sie toll, auch hübsch, irgendwie. Aber eines Tages nannte sie ihn nur noch eine rollende Apotheke, nahm ihr Kissen und gähnte sich enttäuscht ins Mittagsschläfchen.

Früher war alles besser, sagte sie, bevor sie plötzlich nur noch Tierfilme guckte. Da war die Sache klar geregelt, wer Held ist und das Maul aufmacht.

Es gibt Tage, da vermisse ich sie sehr.

Der AUTOR

Kaum zu glauben, aber dieser völlig indisponierte Herr da links hat mal ernsthaft Sportwissenschaften studiert und war als Reporter bei Olympischen Spielen, Weltmeisterschaften und der Tour de France unterwegs. Er arbeitete viele Jahre unter anderem für *Stern, Merian, Geo, ZEITmagazin, Max* und *die taz*, und wagte erst viel später, sich als Kolumnist halbwegs grotesk über den Alltag des Radfahrens lustig zu machen.

Dabei sitzt Michael Schophaus oft beschwingt im Sattel seiner leicht antiquierten Drahtesel. Hat mit ihnen mehrfach Deutschland durchquert, folgte mit Freund Frank der Elbe von der Quelle bis zur Mündung und befuhr mit seinem unverschämt sportlichen Sohn Simon den Jakobsweg im

Norden Spaniens. Mit ihm hat er sich sogar auch mal – trotz Rücken – über die Alpen gequält, wo seinem kecken Spross dieses menschenrechtsverletzende Foto des ziemlich fertigen Erzeugers gelang. Das hat man nun davon, wenn man ständig den Atem der Jugend im Nacken spürt.

Aber nix da, der hoffentlich in Würde gealterte Autor holt heute noch, wann immer es geht, seine noblen Hobel im fünften Stock vom Speicher – und dann ab in Hamburg bis zum Deich, an dem eigentlich immer frecher Gegenwind herrscht. Radfahren? Ein Sport der unbekränzten Möglichkeiten, sagt Schophaus, und hat sein weiteres Treiben, siehe rechts, sehr fest im Blick.

Na ja, fast.

Das ALLERLETZE

Was fährst du denn für einen Schnitt?
Gerd, Frisör um die Ecke

Junge, zieh auf'm Rad die Jacke an. Mama ist kalt.
Mutter Schophaus

Wer seinen Vater liebt, der schiebt.
Sohn Simon bei der Alpenüberquerung

Geht doch eigentlich ganz flüssig.
Freund Frank, die Elbe lang

Du weißt schon, dass du über zwanzig Gänge hast?
Kumpel Kai am Sonntag

Dir kann ich doch jedes Rad aufschwatzen.
Wolle, Verkäufer meines Vertrauens

Bei Wind bist du ein Fall für Amnesty International.
Blöder Lutscher am Deich

So eine Kiste wie du hat meine Schwiegermutter auch.
Marcel Kittel, ehemaliger Sprinterstar

ENDE

Danke, Müller!

WEITERE INTERESSANTE BÜCHER ZUM THEMA

Marbod Jaegers Kurzgeschichten tauchen humorvoll in die Welt der Rennradfahrer ein, zeigen ihre Leidenschaft und den »kleinen Wahnsinn«, der sie antreibt. Für diese »Asphalt-Helden« ist das Rad mehr als ein Sportgerät – es prägt ihr Leben. Der nächste perfekte Kilometer ist ihr ständiges Ziel.
144 Seiten, 85 Abb., 140x205 mm
ISBN 978-3-613-50990-0
€ 16,95 | € (A) 17,40

In unserem neuesten Ratgeber aus der »know-how«-Reihe in Kooperation mit dem Magazin *outdoor* präsentieren wir einen umfassenden Leitfaden für das aufregende Abenteuer des Bikepackings, das Reisen mit dem Fahrrad und minimalistischer Campingausrüstung.
144 Seiten, 108 Abb., 140x205 mm
ISBN 978-3-613-50968-9
€ 18,95 | € (A) 19,50

Thomas Widerin nimmt den Leser mit auf seine Solo-Radtour durch vier Kontinente – ein unvergessliches Abenteuer. Er erzählt von Begegnungen mit Bären in Kanada, Sandstürmen in Südamerika und der tiefen Veränderung durch seine Reise. Atemberaubenden Fotos und praktische Tipps.
192 Seiten, 279 Abb., 170x240 mm
ISBN 978-3-613-50989-4
€ 22,90 | € (A) 23,60

Gunnar Fehlau, überzeugter »Velopreneur«, verlädt am 2. Januar 2023 seinen gesamten Hausstand für ein Jahr auf ein E-Cargobike und nimmt die Idee des »Mobile Office« wörtlich: Aus »Bikepacking« wird »Workpacking«.
256 Seiten, 559 Abb., 170x240 mm
ISBN 978-3-613-50967-2
€ 29,90 | € (A) 30,80

Leseproben zu allen Titeln auf unserer Internetseite

Überall, wo es Bücher gibt, oder unter
WWW.MOTORBUCH-VERSAND.DE
Service-Hotline: 0711 / 78 99 21 51
www.facebook.com/MotorbuchVerlag

pietsch

Stand Februar 2026
Änderungen in Preis und Lieferfähigkeit vorbehalten.

WEITERE INTERESSANTE BÜCHER

Egal ob Anfänger oder erfahrener Outdoorer, diese 101 Tipps und Tricks bilden das Rüstzeug, um kleine und große Abenteuer in vollen Zügen zu genießen – von der Wahl der richtigen Ausrüstung über die Tourenplanung und -durchführung bis hin zu Sicherheit und Erster Hilfe.
144 Seiten, 150 Abb., 140x205 mm
ISBN 978-3-613-50950-4
€ 18,00 | € (A) 18,50

Flugretter Thomas Widerin teilt in diesem praxisnahen Handbuch sein Wissen über Erste Hilfe in Natur und Gebirge. Mit klaren Anleitungen, Bildern und Checklisten zeigt er, wie man bei Notfällen sicher handelt – ein unverzichtbarer Begleiter für alle Outdoor-Aktivitäten.
144 Seiten, 180 Abb., 140x205 mm
ISBN 978-3-613-51024-1
€ 18,95 | € (A) 19,50

Das Survival-Lexikon von Joe Vogel, bekannt aus »7 vs. Wild«, bietet mit über 500 Einträgen und 700 Abbildungen umfassendes Wissen zu Überlebenstechniken. Ideal für Outdoor-Fans, erklärt es praxisnah und kompakt alle wichtigen Survival-Themen. Ein Must-have für Abenteurer!
396 Seiten, 700 Abb., 120x170 mm
ISBN 978-3-613-51007-4
€ 26,00 | € (A) 26,80

Mit über 70.000 verkauften Exemplaren gilt »Der Lapp« als Standardwerk im Bereich Outdoor, denn er weiß auf alle Fragen zu Expeditionen und Wildnis-Touren eine Antwort.
408 Seiten, 326 Abb., 100x150 mm
ISBN 978-3-613-50959-7
€ 22,90 | € (A) 23,60

Leseproben zu allen Titeln auf unserer Internetseite